啤酒

BEER SOMMELIER

啤酒文化探索之旅

[意]法比奥·佩特罗尼　摄
[意]彼特·丰塔纳　著
[意]约翰·罗杰瑞（主厨）　食谱
屠希亮　罗贤通　单依依　译

中国摄影出版社
China Photographic Publishing House

从理论意义上获知距离的远近并无多大价值，从地理上获知最好的啤酒出自哪里才具有实践意义。

——约翰·沃尔夫冈·凡·歌德（Johann Wolfgang von Goethe）

目 录 CONTENTS

啤酒配美食 172

前　言

啤酒是世界上最古老、传播最广的发酵产品，如今喝啤酒成了一种风尚，越来越受欢迎。现在我们在任何地方都可以听到有关啤酒的故事，从美国到澳大利亚和日本，当然还有整个欧洲。人们在酒吧里点上精酿的啤酒，讨论着啤酒工厂，享受着啤酒那迷人的原始味道和美妙的芳香。

啤酒的兴起作为一种新现象，具有两个特点：创新与传统。前者源于 20 世纪 70 年代末的美国；后者源于英国，在那里，CAMRA(正宗啤酒运动) 致力于恢复消亡的盎格鲁－撒克逊传统。小型啤酒工厂从 20 世纪 70 年代开始遍及美国，到了 90 年代末，其他地区也开始出现了小群的啤酒生产者。在比利时，在已有的啤酒厂旁边，新建的啤酒厂也纷纷开张；斯堪的纳维亚半岛上的国家和丹麦在发展啤酒厂上尤其狂热；意大利开始生产手工啤酒；捷克从铁幕中解脱之后，致力于复兴自己的传统。因此，这一场啤酒运动从南到北，由东至西，遍及全世界。

当然，传统正宗的啤酒总是存在的，但人们总不将其当回事儿，以至于将它们遗忘，最后只剩下那些机器生产的淡啤酒，色泽和味道枯燥而乏味。我们不是要去贬低那些作为消费品的啤酒，重要的是，我们要铭记啤酒是一种具有生命的产品。啤酒能够激发情感，讲述有关其酿造者的故事：酿造者在属于他的土地上如何成长、如何劳作。为了能感受到这些，我们要做的就是去“倾听”。

这本书是了解啤酒酿造世界的第一步，我希望你们对啤酒的热爱永远真挚而不会减退。永远都不要忘了，啤酒可能就是在某个夜晚的某个酒吧里聊天时桌上的另一位朋友。作为朋友，啤酒知道如何安静地待在一旁，从不去打搅你，同时在你每喝一口时给予你十足的满足感。只要不喝过头，借着啤酒的劲儿，大家也能越聊越多。

朋友们，干杯！

安德里亚·卡马斯切拉（Andrea Camaschella）

这幅具有英国风格的版画展示了一次啤酒花的丰收。这种向阳植物的雌性花朵通常在夏末采集。正是这些花朵给了啤酒独特的浓烈味道和丰富的芳香（辛辣味的、果味的、柑橘味的和树脂味的）。

啤酒的起源

公元前的啤酒

要确切地说出啤酒出现的时间是不太可能的。我们所知道的是，在人们开始从事农业活动，修建固定的居所，等待着粮食收获时，啤酒就已经产生了。历史发现表明，早在公元前8000年，在巴勒斯坦、约旦、杰里科地区、纳哈尔奥林地区和叙利亚地区第一次出现了“半自培”的谷物。这些谷物由农民挑选出，与其他多种谷物种类都不同。可以确定的是，部分这类谷物或类似的谷物被用于人类历史上的第一次啤酒制作，虽然可能只是偶然为之。

几千年来，在世界上的不同地区，人们都各自发现了发酵这种过程，从北美到美索不达米亚，从南美到非洲，都有证据表明许多传统食物是由发酵的谷汁做成的。最早有关啤酒的文字记录可以追溯到公元前4000年前的美索不达米亚的古苏美尔人。刻有文字的简札和浮雕上提到一种饮品，这种饮品需要烤熟的大麦面包和一种叫作“卡斯”（意思是嘴巴所渴望的东西）的水。这种饮品通常由女人们来制作，用海枣果或蜂蜜来调味。人们将它装在公用的容器里，通过长长的麦管来喝。在乌尔皇家陵墓中的陪葬物里都能找到相关实证。古苏美尔人的啤酒曾是当时很多劳动者报酬的一部分；对于女神宁卡西而言，啤酒也富有着神圣的意义，它出现在对宁卡西的众多颂歌之中。自从在人类历史上有了对啤酒的记录之后，啤酒就被视为一种珍贵的商品和一种人们宴饮交际的方式。在继苏美尔之后的下一个美索不达米亚文明——巴比伦文明中，也有很多证据显示人们在日常生活当中饮用啤酒。人类历史上的第一部成文法典——《汉谟拉比法典》，就已经包括了有关啤酒的法规。比如有条文规定，应该根据人们所处的等级来分配每日的啤酒量，任何人在未经授权的情况下买卖啤酒或倾倒啤酒要被判处死刑。一系列的发现表明，曾有近20种啤酒（从被称为“液体面包”的白啤酒到芬芳的黑啤酒）在巴比伦的市场上出售。而且，当时啤酒还是一种传统的祭祀贡品，人们会在葬礼仪式上一起喝酒。在古埃及，啤酒被视为国酒。当一个婴儿断了奶，或其母亲没有足够奶水的时候，人们甚至会给婴儿喂用水和蜂蜜稀释过的啤酒。现在存有很多记载着有关啤酒酿造工艺和以啤酒为材料的莎草纸药方，仅在著名的埃伯斯（Ebers）莎草纸上，就记录了600多个药方！啤酒被视为一种真正的食物，例如，它是建造金字塔的苦力的食物中非常重要的组成部分。这种啤酒酒精浓度高，原料来自麦芽及各种香料，比如啤酒花、杜松、姜等。在拉美西斯二世时期，啤酒的生产实现了制度化，当时的文书还介绍了一种新的象形文字符号来代表一种即将流传百世的工艺——啤酒酿造工艺。

希伯来人的两部圣书——《圣经》和《犹太法典》都数次提到啤酒，它是犹太人在普林节和用来纪念逃离埃及的艰难跋涉的除酵节上的饮品。在古希腊，人们主要在祭祀神的仪式上和奥林匹亚竞技会期间喝啤酒，因为奥林匹亚竞技会召开期间禁止销售葡萄酒。在罗马人统治之前的意大利半岛上，当时的伊特鲁里亚人就早已喝上了一种叫作派瓦克的酒。这种酒起初是用斯佩尔特小麦及黑麦酿造的，之后又用小麦酿造，再后来又加以蜂蜜调味。根据凯尔特人的传说，英雄麦格·梅尔德（Mag Meld）从扶摩人的木屋中偷取了啤酒的酿造配方，并从啤酒中获得了力量，从而建立了爱尔兰民族。在日耳曼文明中，有关啤酒的历史最早可以追溯到公元前 800 年，在当时的库尔姆巴赫（Kulmbach）附近发现了用来盛放啤酒的两个细颈椭圆土罐。

罗马人本来是以喝葡萄酒为主，但在遇到高卢人和日耳曼人的部落之后，也开始更多地喝起啤酒来。在所有凯尔特人和日耳曼人部落居住的地区，人们酿造的都是啤酒而不是葡萄酒，因为葡萄无法在北欧寒冷的气候中生长，但如今由于气候的变化已不存在这样的问题。当不列颠总督阿格里科拉在军事出征之后回到罗马时，他从格莱福姆（Glevum, 即今天的格洛斯特）带回了 3 名酿酒大师。这样一来，不仅有专人为他酿造啤酒，富有冒险精神的罗马人也能有机会喝到这种阿格里科拉在外征战多年爱不忍释的饮品。

公元后的啤酒

公元 1 世纪，啤酒在罗马帝国受到喜爱，但其仍被视为舶来品。有历史证据显示，啤酒曾被作为礼物由伊比利亚半岛赠送给尼禄大帝。当时尼禄大帝在皇宫里还有一名来自葡萄牙的奴隶，这名奴隶的唯一工作就是为皇帝酿造啤酒。在《自然史》这本书中，古罗马历史学家普林尼分类并描述了两种在罗马帝国为众人所知的优良啤酒：一种是来源于埃及的兹樽（Zythum），另一种是来自高卢和凯尔特的赛莱威斯亚（Cerevisia）。在这本书中，这位伟大的历史学家及自然主义者提及啤酒在帝国各个地区大面积传播。在罗马帝国的首都，人们都知道啤酒这一饮品，但并没有很多人会买来喝。在更多情况下，啤酒被女人们当作化妆品来使用，比如用它来清洁脸部和滋润皮肤。

在罗马帝国衰亡之前，随着越来越多的日耳曼部落定居在帝国内，啤酒的受众明显增多。这些日耳曼部落同时还带来了他们有关啤酒的一些传统，比如咕噜伊特税就以生产的啤酒量为征税标准。在那个时候，酿造啤酒的原料仍然是发酵的谷类，但会加上香草、须根及各种各样的浆果之类的香料。有一些香料是具有危险性的，可能会引起幻觉，甚至有致命的毒性。

同时，随着天主教的传播，修道院成了乡村居民在食物供应和食物、饮品（包括啤酒）生产上的参照。

这幅小型画作来自佛罗伦萨人希尔德布兰德的作品《论医学》（1356），展示了用大麦和其他谷物酿造啤酒的场景。在啤酒厂里，酿酒师不停地搅动着两大缸水和谷物的混合物。

实际上，修道院、教堂及之后的城堡都进行了大量的啤酒生产，并且对这一生产过程加以改进，从而对日常生活产生了巨大影响。

但最重要的是，喝啤酒有助于预防疾病和中毒，虽然在当时人们并不知晓这些。饮水经常使人生病或者中毒，因为水源总是受到污染，有害于人们的健康。

在修道院迅速扩大、发展的时期，喝啤酒得到了允许，这一“液体面包”被当作食物来饮用。其结果是，各个修道院的戒规都允许僧侣喝大量的啤酒。德高望重的比德规定了每餐饭可以饮用的啤酒的具体量，阿奎伊斯 · 格拉纳公会的参与者们每天能够分配到 4 升的啤酒，有时还会得到 5 升。还有的修道院所规定的啤酒限量为每天 7 升！

根据爱尔兰圣徒圣科伦巴（Saint Columba）所制定的严密教条，啤酒为水所代替是一次严厉的惩罚。在有关圣科伦巴的故事当中，有一则讲述了他仅仅用了一口气就炸裂了一缸由异教徒献给奥汀（Odin）的啤酒。圣科伦巴谴责了异教徒的行为，认为将啤酒献给恶魔是在暴殄天物。圣科伦巴邀请他们带上更多的啤酒，在分发啤酒之前，他这样祈福道：“啤酒为上帝之恩赐，唯以主名，福祉方至。”

伦巴第王国的女王太都琳达（Teodolinda）于意大利蒙扎建立了自己的王宫，她于公元 627 年在这里去世。太都琳达是最早使日耳曼部落归化天主教的人之一。她与教皇格里高利（Gregory）保持着密切的联系，她曾赠予教皇一份非常珍贵的礼物——大量的啤酒。可能是罗马人向来对葡萄酒更加偏爱，格里高利教皇将这些啤酒转送给了穷人和朝圣者。因此，啤酒再一次成为替旅人解去饥饿之苦的“液体面包”。

有文字记载的第一座修道院酿酒厂建于公元 724 年，位于名为韦何斯蒂芬（Weihehstephan）的大修道院。所有的修道院都有这样一个习俗，就是要将麦芽汁根据其质量进行分类：第一等的麦芽汁将在由教会设定的宗教节日上饮用，第二等的麦芽汁被用于节庆场合和星期日，第三等麦芽汁则常作为“液体面包”日常饮用。麦芽汁也会用来招待前来拜访或暂住修道院的旅人和朝圣者。

修道院的啤酒酿造从 1067 年开始实现制度化和标准化。那一年，身为植物学家的德国圣 · 鲁珀特女修道院院长圣希尔德加德 · 冯 · 宾根 (Hildegard of Bingen) 进行了实验，她用啤酒花作为一种香料。根据史料记载，这种植物因其镇定和抗菌作用为修道院的草药医生所知。很快，在查理曼大帝加冕之后，这种植物就被用于啤酒的生产。但是其镇定与抗感染的功效主要用于产妇分娩。圣希尔德加德想用啤酒花来代替药草作为啤酒的常用原料。原先使用的药草由于其不可控制的效果（包括之前所说的会引起人们的幻觉，甚至会给人们带来致命的毒性作用等）存在着危险性，官方甚至都讨论过是否应该完全禁止生产啤酒。在当时，有人在喝了女人们酿制的掺有不明调料的啤酒之后变得疯疯癫癫，仿佛被魔鬼控制了一样，之后又神秘离奇地死去。所以，有一些人就将啤酒的生产同女巫行为联系在一起。

后来，啤酒生产逐渐受到了公共控制，包括家酿啤酒、修道院里生产啤酒及贵族阶层生产

啤酒（如在大教堂、修道院和城堡中生产啤酒）。这带来的结果是，盎格鲁－撒克逊人创建了一种公共场所，在这种场所里，人们可以喝到有安全保障的啤酒。这样的地方被称为“Public Houses”，这个词很快被缩写为“pub”，也就是今天英文单词“酒吧”的意思。这一词语如今仍然在全世界范围内用来指称可以喝到啤酒的地方。

从生产方式上看，啤酒是一种健康的饮品，它不像水那样，通常来自沼泽地或者受到污染的水井。这一点在圣阿诺德的故事中也有所提及。圣阿诺德如今是比利时啤酒的守护神。据说，在15 世纪的时候，圣阿诺德曾经在一场霍乱中拯救了无数苏瓦松人的性命。在当时，他注意到，喝啤酒的人要比喝水的人不容易患病。因此，他请所有居民来喝他和他的教牧同工共同酿造的啤酒，同时为人们向上帝祈福。

在有了圣希尔德加德·冯·宾根的实验之后，用啤酒花酿造的啤酒很快就通过贸易和同汉萨同盟城市的往来传遍了整个欧洲，但英国除外。在当时很长的一段时间里，英国的酒吧酿造的是当地的艾尔酒（Ale），排斥来自欧洲大陆的由啤酒花制作的啤酒。但是啤酒花除了提升了啤酒的味道之外，其抗菌作用还使啤酒能保存的时间更加长久。由于具有了这一额外优势，啤酒花最终战胜了其他的啤酒调味剂。

巴伐利亚的威廉四世于 1516 年 4 月 13 日颁布了《啤酒纯净法》。这一法律规定，啤酒只能用水、大麦芽和啤酒花来酿造。为什么当时的规定里没有包括酵母？因为那时候用于啤酒发酵的微生物还不为人们所知，直到工业革命时期，微生物的作用才被发现。因此，酵母到了工业革命时期才被写入这一法案。

据说，当时这一法令本来只有一年的法律效力，因为这一法令是应对一场可怕饥荒的一项应急措施。除了水和啤酒花以外，酿酒者只能用大麦芽来做啤酒原料，目的在于储存谷类，尤其是大麦这类“固体食物”。

但事实上，后来这一《啤酒纯净法》的法律效力持续了相当长的一段时间。1871 年，巴伐利亚同意成为德意志帝国的一部分，条件是帝国的其他州也都得遵守这一纯净法。再后来，欧盟要求这一法令在德国停止实行，以确保德国其他州生产的啤酒能自由流通。但实际上，大部分的酿酒者仍旧按照这一法令行事，因为大麦后来已被接受为啤酒的原料，而且酵母在被发现之后也立即被补充进了这一法令。该法令还曾规范了啤酒的生产时间和销售。

工业化啤酒

在《啤酒纯净法》颁布及啤酒随着乘坐“五月花”号的清教徒先驱们跨过大西洋来到北美大概 100 年之后，科学研究发现永久地改变了啤酒的生产与消费。

安东尼 · 范 · 莱文胡克（Antonie van Leeuwenhoek）用改进的显微镜进行试验，从而发现了酵母，使其成为啤酒酿造的关键原料，虽然当时酵母还没有被纳入《啤酒纯净法》的允许范围。酵母的发现确定了欧洲三种传统的啤酒酿造方法：德意志或波西米亚式、比利时式，以及盎格鲁 - 撒克逊式。但之后欧洲经历了大动乱，无数场战争及严重的经济危机：啤酒被征以酷税。

在盎格鲁 - 撒克逊的世界，啤酒仍然是工人们在一天劳作之后所获报酬的一部分。比如，英国的搬运工会获得属于他们的“搬运工”啤酒，这种啤酒含有两种不同的成分，装在品脱酒杯里，满得几乎要溢出。在这样的情况下，泡沫并不被视为一种好东西，因为当啤酒被用以支付报酬时，啤酒泡沫会降低啤酒整体的重量。

在比利时，源自于酿酒隐修院的小规模酿酒者的传统继续存在，本土酿造的观念根深蒂固。而在德意志或波西米亚，酿酒者们进行了大规模生产的尝试。在法国大革命之前，尽管过程艰难，这三种传统酿酒方式都开始进行了新实验，创新出更多的生产体系，还使用了许多 18 世纪的科技发明，如华氏（Fahrenheit）于 1760 年发明的温度计、马林（Marin）于 1770 年发明的光密度计。

除了上述两项发明之外，还有一项发明不仅给啤酒的酿造工艺带来了变化，还改变了整个世界。1765 年，詹姆斯 · 瓦特（James Watt）发明了蒸汽机，这为“蒸汽酿酒”奠定了技术基础，提高了啤酒生产效率。

之后又有了更多的创新。19 世纪初期，丹尼 · 威勒（Daniel Wheeler）发明了现代烤面包炉；19 世纪末，卡尔 · 凡 · 林德（Carl von Linde）发明了冰箱，使得人们能够在 365 天里都生产啤酒。在冰箱出现之前，由于温度较高，啤酒无法在春夏季生产，因此啤酒会在 3 月停止生产。直到 9 月，当气温降低之后，啤酒生产得以继续，这时候也恰逢啤酒花的收获季。

冷藏技术延长了啤酒的保存时间，同时也促进了底部发酵技术的发展。这种发酵在 12°C 以下进行，在低温的环境下要经过很长的一段成熟时间。这一技术的伟大创造者是克里斯钦 · 汉森（Christian Hansen），他在嘉士伯实验室里用酵母进行实验，成功地分离出一个酵母细胞并再制造出了新的酵母。从此，曾经最为神秘的啤酒制作原料已被酿酒者完全掌握。现在，辨别、分离与再制造各种类型的酵母已成为可能。有了这些酵母，酿酒者可以通过具体的方式生产出不同种类的啤酒，并继续保持啤酒的统一味道和共有的特点。

这一版画来自于一本 17 世纪的书，它展示了过去酿酒厂里人们辛勤劳作的场景。在当时，木桶是主要的啤酒储存容器。

Der Bier Bräuer.

Schenckt Wollust ein: so trinckt man Pein.

Der Durst nach Sachen dieser Zeit
erwartet bittre Süssigkeit:
Such, Seele, deinen Durst zu laben
ein Brunnen, der von Segen fliest,
und gegen Arme sich ergiest,
die nur den Glauben Alles haben.

路易·巴斯德（Louis Pasteur）改进了加热杀菌法，以确保啤酒不会受到细菌的污染或发生质变。巴斯德这一方法保证了啤酒能够保存更长的时间，从而使啤酒作为一种产品拥有更持久的生命力，进而使其获得了更大的市场份额，提高了销量。路易·巴斯德有一本名叫《有关发酵的研究》的书，出版于1876年，这本书进一步巩固了这位伟大的科学家所做的有关啤酒实验的重要性。用木桶盛装的啤酒温暖清淡，色泽暗淡，由均匀分布在全国的大批酿酒者小量生产，生产过程中使用了各种酵母，在饮用时则被盛放在木制或陶制的器皿里。这样的啤酒随着时间的流逝已变得罕见，诚然已成为历史，承载着对过去时光的浪漫缅怀。

工业化啤酒颜色较淡，新鲜、剔透，人们将其装在高雅的玻璃杯中饮用。工业化啤酒由更多具有更高技术水平的酿酒者们大量生产，并开始用桶和贴有封条的玻璃瓶装载，进行运输分销。这一方式使得酵母引起的碳酸化作用能够持续到开封饮用之前，让啤酒维持着丰富的泡沫。这就是现代啤酒的胜利！

20世纪，啤酒的发展历史同复杂的时代背景联系在了一起。这一历史时期以革命、世界大战和禁酒运动为特征。战后重建之后，世界已经做好了迎接大规模生产的准备：瓶装、罐装及桶装的工业化啤酒遍布世界，已存在了几个世纪的手工啤酒厂渐渐消失，大型公司不断发展工业化啤酒，扩大其市场网络与销售范围，使啤酒成为一种全球性商品。

啤酒的复兴

在灾难性的两次世纪大战之后，西方世界于20世纪60年代到70年代经历了一段经济繁荣期，人们在和平时期的幸福感是促进经济发展的重要原因。这一时期，人们在时尚、人际交往及休闲娱乐方式方面发生了巨大的变化，啤酒在其中发挥了重要作用。这一时期以众多的音乐节和年轻人的聚会为特征，但最具标志性的还是一种新发展，也就是人们对本地产品产生了兴趣，生产出高质量的承载着生产地和生产者故事的产品。作为曾经的“液体食物”，啤酒已用于供人们放松消遣，并将经历另一场变革，尤其是在英国和美国。

正宗啤酒运动开始于1971年的英国，这一年我正好出生。正宗啤酒运动协会仍活跃在当今社会，在全世界，它现已拥有超过15万名成员。该协会是大不列颠啤酒节的倡导者，啤酒迷们绝不可错过这个每年都会庆祝的节日。“传统啤酒”这个词用来强调两种啤酒之间的不同：一种是标准化的啤酒，由大规模的酿酒者大批量生产出来；另一种是传统啤酒，由小规模的酿酒者用自然工艺和方法酿造，口味多样。传统啤酒经常要经过第二遍发酵，并在酒桶中酿成。啤酒在酿造完成后直接从木桶中倒出，供应给酒吧的客人，那时人们常用“手动泵”或“倾倒”这两种方式来供应啤酒，而不是使用气体来将啤酒压出酒桶。

由于正宗啤酒运动协会的努力，人们再一次对传统形式的啤酒产生了兴趣，开始重新品味它。

这种传统啤酒正在慢慢地重新征服一批啤酒爱好者，而且爱好者人数在不断增长。

在美国，同样也有一批小型啤酒厂开始建立起来。在此之前，这样的小型啤酒厂几乎完全被大规模的啤酒工厂所取代，这些工厂生产出的工业化啤酒在全球市场上占据了主导地位，并且这种淡色的啤酒在味道、气味和类型上做到了全球统一。

这样的运动往往是由一小拨各式各样充满热情的人发起的。其中有一位名叫弗利兹·梅塔格（Fritz Maytag）的企业家，他于 1965 年买下了铁锚酿酒公司（Anchor Brewing），并开始为标准化生产增加一些“特别”的啤酒。弗利兹·梅塔格开创了手工啤酒厂和手工啤酒的模式。

普通大众也对在家酿酒的想法产生了兴趣。在家中自己酿造啤酒是对古老传统的复兴，正如上文所提到的那样。家酿酒并不是为了向啤酒的大规模生产和不断增长的消费主义提出挑战，它的出现仅仅是出于一种需要：在那个时候，要想在美国找到两种或两种以上的高质量工业化啤酒是不可能的事；只要去一趟比利时，就可以让美国的啤酒爱好者们感到工业化啤酒真是够了。

另一名充满热情的家庭酿酒者推动了这场运动进一步发展。1976 年，由于对啤酒的热爱，这位啤酒爱好者迈出了一大步，建立了一座手工啤酒厂——新阿尔比恩啤酒厂，位于加利福尼亚的索诺马（Sonoma）。几年之后，这座工厂就关闭了，但在这座工厂还存在的时期，这一做法启迪了其他人，使得很多人竞相效仿，从而带来了一段美国酿酒业真正的复兴。

由于像查理·帕帕兹恩（Charlie Papazian，美国酿酒者协会主席、美国家酿协会创始人）这类人和一群啤酒狂热者们的热情与不懈努力，酿造手工啤酒成为一种普遍的现象：20 世纪 80 年代，10 座小型啤酒工厂建立起来并开始发展壮大。小型啤酒厂的数量在 1990 年到 1995 年期间呈爆炸式的增长。1990 年，小规模酿酒者和手工啤酒厂的数量就已达到了 35% 的增长率，到这一阶段的最后一年，更是达到了 51% 的增长率。这种啤酒生产模式至今仍以一种极高的速率在增长。最新的数据展示了超过 1000 家的美国手工酿酒者和手工酒厂是如何生产出几百亿桶啤酒的，虽然其占整个美国啤酒生产总量的比例不大，却是非常重要的一个部分。

这一运动同样对欧洲产生了影响。在欧洲，有着酿酒传统的国家都开始重拾古老的传统，重新使用传统的生产工具，生产那些传统风味的啤酒，比如白啤酒和以水果作为调料的啤酒。

如今家酿啤酒和手工酿酒运动使得一些原本对啤酒不感兴趣的国家也开始热衷于喝啤酒，比如意大利。1996 年，在意大利总共只有 6 家手工啤酒酿造商，但现在意大利的啤酒酿造厂数量几乎赶上了比利时，已经超过了 600 家。

我很确定这种迅猛的扩张会遇上一系列风险，给普通酒友们造成一种困惑和无节制的感觉。这场运动迟早会遇上一些历史事件——正如同历史上发生的那样——从而给所有小型酿酒厂带来严峻的挑战，而且它们所面临的挑战将会比那些国际性组织要多得多。

但是，只要啤酒生产的理念是基于快乐、热情、质量和专业性等，那么啤酒肯定会是安全的！

啤酒是什么

我喜欢把啤酒视作一种美丽的东西，它拥有鼓舞和激动人心的力量，富有营养且多用于社交场合。啤酒美在其丰富的色泽，从暗黄色到深黑色，颜色涵盖每一种琥珀色、红色与棕色。啤酒的泡沫也很可爱，充溢或收敛，持久或短暂，但总是那样富有表现力！啤酒的泡沫就像是一座柔软的纪念碑，或是转瞬即逝的波涛，仅仅短暂地出现一下，快速地打声招呼就又变回啤酒了。那无数的啤酒泡沫非常漂亮，时而小，时而大，时而呈现为纯白色，时而又呈现出卡布奇诺的颜色。

啤酒拥有着无尽的芳香，这种香味提醒着我们，它是由大地孕育的材料制作而成的，是人们劳动的成果，那些原材料包括各种野花、水果、药草、香料、蜂蜜及熏制产品。因此，不同的啤酒会在不同程度上呈现或甜、或苦、或酸、或咸的味道。

在品味啤酒时，我们要用眼去看，用鼻子去闻，用嘴去品尝，我们还要用耳去聆听打开瓶盖后将酒倒入杯中的声音。一些啤酒从瓶中倒出时会跟清水一样轻盈，但有些也会像油一样浓稠。啤酒希望我们去了解它们的特点与个性，去懂得如何品赏。

我们可以同朋友一道喝啤酒，或者也可以和素不相识的人喝一宿，后一种方式富有新奇感，陪同之人我们以后将再也不会碰面。每晚在工作之后于饭桌上畅饮一杯啤酒共同庆祝节日、参加庆典是一件令人愉快的事。当我们陷入困境之时，啤酒可以让我们放松，让我们能够有时间去思考。

我们必须通过品尝啤酒才能够享受其带来的愉悦，领会美好之物带来的快乐。在品尝啤酒的同时，我们还在欣赏着酿酒人的精湛手艺和辛勤劳作。花时间根据每种不同的啤酒选择合适的杯子也是件很快乐的事情：是用有角的还是有着曲线轮廓的？是矮而扁平的还是细而高的？是古老样式的还是现代的？是巴洛克风格的还是抽象派风格的？观察啤酒瓶上的标签、图画、标志和信息也很有趣，当然还有观赏啤酒瓶本身和它的瓶塞。

虽然啤酒只能用来喝，但它承载着纯挚的情感！

那么啤酒到底是什么呢？这问题似乎没什么意义，事实却不是这样。

首先，因为“不存在这样一种名为‘啤酒’之物，却有着不同种类的啤酒”。这句话来自我的导师，意大利诗人罗兰索·库阿斯卡·达波夫（Lorenzo Kuaska Dabove）。

我们都对自己现在喝的啤酒有一些想法，但当我们想到啤酒同人类一样古老，并且在许多不同的地区独立发展起来，那么就很容易理解，啤酒是一种很复杂的东西，很难给它下一个明确的定义，将这么多不同种类的啤酒都归纳为一个概念。

当然，啤酒是一种以谷物类原料为基础的饮料。但从本质上来说，它跟稀薄的意大利浓汤远不一样。

当然，啤酒是一种经发酵的酒精饮料，在饮用时也必须适度。如今我们也有了不含酒精的啤酒，虽然啤酒这一名字表明其仍会含有少量的酒精，但这都是符合每个国家各自所设的限制范围的。

当然，啤酒由各类谷物制成：大麦、小麦、黑麦、高粱和小米等。从古至今，谷物一直都是人类必不可少的食物，谷物易于种植，储存时间长，所富含的淀粉和糖分有着很高的营养价值。也有由土豆制成的发酵型饮料，这种饮料富含淀粉，但是它们并不来自谷物！

啤酒是一种调味型饮料。在过去的几个世纪里，啤酒花是啤酒最主要的调味原料，但在使用啤酒花之前，人们在酿酒时还曾使用过许多其他种类的香料。

啤酒最主要的原料还是水，但别试图靠掺水来稀释啤酒。葡萄含有丰富的水分，因此能够挤出甜汁，但是谷物里不含水分，只能够“挤出”面粉来！这就是为什么对于酿酒来说水是一种至关重要的原料。

我们把更深层次的分析放到书的后面部分，先尝试着给啤酒下一个通用的定义。可以这样说，啤酒是一种靠酵母发酵的酒精产品，富含糖分，这些糖分取自于大麦的麦芽和其他有麦芽或无麦芽的谷类，并以啤酒花为调味料。

原材料

水

水是啤酒的主要原料，因此尤为重要，但是能够适合酿造各种不同种类啤酒的水是不存在的。每一种啤酒都需要一种特别的水，比如有的啤酒需要富含矿物盐的水，有的需要硬质水，有的则需要特定 PH 值的水，这些因素都将决定啤酒的味道和各个生产阶段。在消毒和清洗设备装置时，也需要用到大量的水。我们如今所面临的挑战是，如何能可持续地保证水的使用。

过去在一些地区我们能够找到具有特质的水，由此酿造的特殊啤酒也只有在那些地区才能找到。比如，在波西米亚的比尔斯地区，有一种低矿物盐含量的软质水，这种水是今天这种啤酒仍以“比尔斯”命名的重要原因。又比如，在爱尔兰，其富含矿物盐分的硬质水是大多数爱尔兰人矮胖的根本原因。如今，现代科技已能够基于特殊的生产需要来改变水的构成，从而打破地理限制，用同样的水生产出同一种类的啤酒成为可能。

酵母（及发酵）

“酿酒者只是提取了麦芽汁，是酵母酿造出了最终的啤酒。”这句为酿酒者们所尊崇的格言让我们知道，啤酒生产过程中真正的功臣是酵母，一种微小的单细胞生物，是它将酿酒者准备好的麦芽汁转变成真正的啤酒。词源学将这一道理解释得非常清楚：酵母属（Saccharomyces）这个词的构成让我们知道，它是一种菌类（其英文单词的后缀“-myces”表示菌类），而且是糖菌（前缀“saccharo-”表示糖）。

在完全自然的生理过程中，酵母细胞会“吃掉”糖分，产生出乙醇和二氧化碳，我们把这个复杂的过程称为发酵。有一个日常生活中的例子可以用来很好地解释这一过程，虽然听起来可能不那么文雅：我们吃到和喝到肚子里的东西最终都会在厕所里被排放出来。这跟进行酒精发酵过程中的酵母是一个道理：酵母会吃下糖分，排出酒精和二氧化碳。其最大的区别在于酵母发酵过程中产生出的副产品并没有被扔掉，而是全部都在我们的杯中进行循环！

因此我们在这里讨论的并不是用酒精和二氧化碳进行生产的过程（像生产药草味的苦啤和苏打饮料那样），而是讨论酒精和二氧化碳是如何产生的。

实际上，酵母会通过细胞的分裂不断地对麦芽汁产生发酵作用，直到麦芽汁中的糖分全部被消耗殆尽。因此，啤酒的酒精浓度取决于麦芽汁的糖分含量。

由于糖分来自谷物的淀粉，如果在相同水量的情况下，酿酒者使用越多的谷物，啤酒的含糖量就会越高。在一些国家，这一概念被法律所误读。这些国家的法律使用了“双倍麦芽”（Double Malt）这一模糊的通称（也就是指双倍量的大麦麦芽）来界定高糖量的啤酒和高酒精浓度的啤酒。

在发酵过程中产生的大量剩余的酵母细胞会被用于面包的制作，由此就有了“酿酒者的酵母”这一说法。

酵母也在啤酒美妙气味的产生过程中发挥了重要作用，由酵母产生的气体叫作酯类，这种物质赋予了啤酒鲜明的特性。

在酿酒过程中所用的众多种类的酵母都经过精心挑选，这些酵母可以被分为两类：酿酒酵母和卡氏酵母。

酿酒酵母也被称为上发酵酵母。这种类型的酵母大致在即 15—25℃ 这一相对较高的温度范围里活动，它们会在发酵器皿的顶部，也就是接近于表层的部位形成一层厚厚的泡沫。这种类型的酵母是所有上发酵啤酒的生产基础，此类啤酒也被广泛地统称为艾尔酒。

卡氏酵母又称底部发酵酵母。这一类酵母的活动温度低于酿酒酵母，大约在 12℃ 以下，它们集中在发酵器皿的底部。这一类酵母于 19 世纪后半叶在著名的丹麦酿酒厂的实验室中被

分离出来，之后它们被命名为嘉士伯（Carlsberg）。德国南部的啤酒里常会有此类酵母，那个地区的做法通常是将啤酒放置在低温的窖洞里直至其发酵完毕。用卡氏酵母做成的啤酒被称为底部发酵啤酒，它还有一个广泛使用的德国名字——拉格啤酒（Lager）。

大麦麦芽和其他谷物

继水之后，大麦麦芽可以说是第二重要的啤酒原料了。将大麦变为麦芽的过程叫作发芽。过去，大麦发芽环节在酿酒厂里进行，是酿酒过程的第一个步骤。如今，大麦发芽这一环节已变得更加专业化，已经从酿酒厂里独立出来，由特定的技术人员进行操作。负责发芽的人员将承担起一项精细而又重要的任务，要准备一系列不同颜色、味道和香味的麦芽供酿酒者挑选，最后酿酒者会基于自己所选择的麦芽生产出啤酒。麦芽是唯一一种能够决定啤酒最终颜色的原材料，它还在很大程度上决定了啤酒的气味和味道，这会让人联想到蜂蜜、焦糖对饼干和咖啡所起的作用。

但是，麦粒发芽的过程到底是怎样的呢？首先，将大麦的谷粒浸泡在水中来促使其发芽。在这一阶段，谷粒中的酶会激活种子里的萌芽促使其生长。酿酒者们正是借助这些珍贵的酶的作用

提取了麦芽汁。第二阶段，焙燥处理已发芽的种子，阻止萌芽和支根的进一步生长。在萌芽不同的生长阶段进行生长的遏制，会造成谷粒化学成分的不同。对谷粒进行焙燥的时间长短和所用温度的高低会造成麦芽颜色、味道和气味的不同，从而产出不同的啤酒。在任何一种啤酒的生产过程中，四种富含酶的麦芽常被使用：皮尔森麦芽（Pils）、帕尔麦芽（Pale）、维也纳麦芽（Vienna）及慕尼黑麦芽（Munich）。前两种麦芽颜色较浅，后两种呈红棕色。一些特殊的麦芽也常作为补充，比如熬过的麦芽或经烤过的麦芽，但只是小量地使用。

大麦传播非常广泛，特别受欢迎，因此尽管我们可以使用其他的谷物来生产麦芽，例如小麦、燕麦、黑麦、斯佩尔特小麦等，但我们平常所说的“麦芽”通常就是指大麦的麦芽。根据其他一些啤酒生产的传统，人们也会使用其他谷物，比如制作白啤酒时就会用到发芽的小麦，制作布兰奇时会用到未发芽的小麦，在生产罗根啤酒和现代黑麦啤酒时会用到已发芽的黑麦。

啤酒花

虽然啤酒花直到中世纪才被用于啤酒的生产，相对其他原料来说较晚，但今天它在啤酒酿造过程中所发挥的重要作用是毋庸置疑的。啤酒花最主要的作用就是为啤酒添加其独特的苦味。啤酒花给啤酒增添了不同的气味，这种气味取决于啤酒花所生长的土壤和地区。啤酒花具有防腐、抗氧化的作用，因此是一种天然的防腐剂。印度淡色艾尔（India Pale Ale）是自 18 世纪起在英国生产的啤酒，当初正是因为大量使用了啤酒花，才让这种啤酒在用船运往印度的过程中没有腐坏变质，到达目的地后仍然保持了原有的新鲜状态。

啤酒花是一种多年生的攀援植物，与大麻属于同一植物类别。从寒冷到温和的气候范围内啤酒花都能生长（确切地说，在南、北半球 35° 到 55° 的地方）。它会长出雄性和雌性两种花朵，但只有雌性花朵才会被用于啤酒的酿造，因为雌花富含苦味素、香精油和松香酯。

目前所知的啤酒花种类非常多，同酿造葡萄酒时用不同葡萄的情况一样，不同的啤酒花会给啤酒带来各种不同的特点，从而得以区分不同的啤酒。比如在芳香型的啤酒花里，有香草味道的，有辛辣味道的，有花香的，有树脂香的，有果香的，有香脂味的。另外，还有一些其他种类的啤酒花味道会很苦，但不令人反感，一些新的啤酒花品种还将这些特点成功地融合到一起。

在啤酒多变的生产过程中，酿酒者不断发现并加入其他不同的原材料是经常有的事情，比如蜂蜜、姜、咖啡豆、水果（如樱桃、草莓、树莓、无花果等）、各种香料（如八角、茴香和肉桂）或者植物的根部（如欧亚甘草和龙胆根）。其中一些原料的使用是某些地区酿造啤酒的传统，另一些则是热衷于探索发现新原料的酿酒者试验的结果，有些原料的试验还具有一定的危险性。

啤酒是如何酿造的

啤酒的酿造是一门历史悠久的艺术，同人类一样古老，既简单又复杂，由此就很容易理解为什么不存在单一的啤酒酿造方法了。在这个部分，我们将探讨啤酒酿造过程中的各个阶段，把有关不同种类啤酒具体的生产细节留到后面介绍啤酒类型的章节中。我们之前说酵母在啤酒生产的环节中起着最关键的作用，因此我们可以很肯定的是，整个过程必须要满足酵母这种微生物产生作用的所有条件，使酵母能够最好地完成它那精细复杂、不可替代的任务："吃掉"糖分，"制造"乙醇、二氧化碳和其他化合物，从而产生啤酒独特的气味和味道。

酿酒者首先要做的事就是明确自己要酿造的是哪种类型的啤酒：什么样的颜色、酒精浓度、气味和味道，以及如何在各要素之间进行平衡。在做出决定之后，酿酒者就要列出一张清单，从繁多的啤酒原材料当中选出最合适的材料。

在做出了重要的选择之后，酿酒者就能进入啤酒酿造的正式环节了。啤酒酿造包括两个主要环节：热侧（The Hot Side）和冷侧（The Cold Side）。在热侧中，先进行淀粉糖化，然后将麦芽汁经酒糟的过滤进行分离，将其煮沸，再进入回旋沉淀槽中分离出热凝固物，最后让其冷却和氧化。冷侧环节又可以被分为初步发酵、二度发酵和成熟。

热 侧

热侧需要在高温下进行，用酿酒业的行话来说，这一过程就是"酿造"。这个环节会在酿酒厂里进行，酿酒厂内都会有自动的大型容器，这些容器都配备搅拌机、导管、泵、温度计和温度调节装置。我们大多数人想到的肯定都会是闪闪发亮的铜制大缸，但现实当中铜是被禁止使用的，不锈钢才是主要材料，因为不锈钢更加安全，更加健康，更加便于实际使用。铜现在只能作为这些巨大容器表面上的一些装饰来增添美感罢了。

淀粉糖化

这一阶段的目标就是要从淀粉转化为糖的过程中获取麦芽汁。水和谷物以正确的比例混合在糖化锅里，形成一种粥状物。水量可以进行灵活调整，但是水温必须保持一定高的温度，不能是冷的，也不能是沸腾的，这一温度要能够激发淀粉中酶的活力。所有的谷类（发芽的和未发芽的）被混在一起研磨，此环节的目的有二：一是碾碎谷粒，二是要尽量保证谷粒外壳（即谷糠）的完整。经过这一环节后，原本糊状的谷物混合体就转变为水状物，较高的水温激活了存在于已发芽了的谷物内的酶的作用，而那些谷粒外壳将会在下一阶段的过滤中发挥重要的作用。

麦芽中存在着多种酶，每一种酶都会在特定的温度下发挥特定的作用，因此酿酒者们在酿酒

过程中就可以通过调节温度来造就所酿啤酒的各种特点。

最重要的酶是那些负责糖化作用的酶。这样的酶包括阿尔法淀粉酶和贝塔淀粉酶，这两种酶会彻底破坏淀粉复杂的分子结构，从而转化成简单分子结构的糖类。贝塔淀粉酶主要产生麦芽糖，麦芽糖是一种仅由两个分子构成的可发酵葡萄糖（可被酵母完全分解从而完全转化为酒精和二氧化碳）。阿尔法淀粉酶负责产生麦芽糖糊精，这是一种多糖类物质，单位分子由 3 到 17 个葡萄糖分子结合而成。麦芽糖糊精无法被酵母所分解，因此会遗留在最终生产出的啤酒里，成为啤酒的主体，提供味道中的甜味。

其他酶也发挥着其独特的作用，比如蛋白水解酶会分解掉蛋白质，从而保证最终酿出的啤酒液体不会浑浊。

在该过程进行了一个半小时之后，差不多所有的淀粉都已经转化成了糖分，此时要提高温度，抑制酶的活动，保证混合物的流动性，为下一环节——过滤做准备。

过 滤

这一环节的目的是要获得制好的糖水，过滤掉先前产生的各种固体杂质，比如由碾碎的谷物产生的剩渣。

在过滤环节中，麦芽汁混合物将被转移至一个叫作过滤桶的容器里。该桶拥有一个双层过滤底，较重的谷物会沉淀在这里。该容器有一个“过滤床”，一层层的颖片、谷粒和粉状物就是一个天然的过滤器，让珍贵的麦芽汁流过，留下所有的颗粒物，甚至包括最微小、最精细的微粒。但如果谷粒，尤其是颖片，在上一环节中被碾得太过微小，那么过滤环节的效果就会受到影响。

在过滤的同时，高糖度的麦芽汁会被收集到一个新的桶里，等待之后的煮沸环节。

冲 洗

过滤层要用洁净的热水进行冲洗，一是提取残留在过滤层中的糖分，二是要达到所要求的麦芽汁容量。需要记住的是，在啤酒酿制的下一环节会因为蒸发而失去大量的麦芽汁。因此，要在冲洗环节为下一环节中麦芽汁容量的流失做好量上的补充。过滤、冲洗以及将最后所获得的所有麦芽汁倒入用于煮沸的桶里，这三个步骤大概会用上一个半小时的时间，而那些被过滤掉的残渣会作为牛和猪的饲料进行循环利用。

煮沸和回旋沉淀

在这个环节，啤酒花终于要登场了。将麦芽汁加热至 100°C，煮 1-2 个小时，以确保完全杀菌。在这个温度下，啤酒花内的松香酯会被溶解分化，释放出苦味。此外，麦芽汁内所有其他的蛋白质都会凝结，这使得最终酿成的啤酒更加透明。

煮沸的过程还使得一些不需要的气味成分散发出去，比如二甲基硫醚（DMS）。但是煮沸的过程同样也会蒸发掉啤酒花中为我们所需要的香气，这就是为什么得在煮沸的最后几分钟，甚至是这个环节完成之后再添加这些香料。在酿造啤酒花含量较高的啤酒时，酿酒者往往会在煮沸环节的最后时刻让麦芽汁通过装满了啤酒花的容器以最大程度地提取香味。在其他情况下，酿酒者也可能会使用干燥法，直接将啤酒花加入发酵桶内。在发酵桶内更低的温度下，啤酒花会释放出完全不同的气味和味道。

在经过了添加啤酒花的环节和蛋白质凝固的环节之后，麦芽汁会再一次变浑浊。因此，在将麦芽汁倒入发酵桶发酵之前，必须再进行一次过滤。这时我们就要用到一个抽水机或者搅拌器，搅动麦芽汁，形成小漩涡，依靠向心力将所有固体颗粒都集中到中心，以达到与液体分离的效果。接着酿酒者再通过盛器外部的一个排出孔将澄清的麦芽汁倒入发酵桶。

到这一步，酿酒者离大功告成就不远了。经煮沸的麦芽汁必须要冷却至适合酵母活动的温度，不然酵母会因过高的温度而死亡。冷却所花的时间尽可能短，因为在这一过程当中，细菌很有可能会侵入，一些野生的酵母也会被无菌的环境所吸引。冷却过程经常要依靠一种薄片状的热交换器，或者一种“管中管”。由于麦芽汁是充了氧的，酵母有充足的氧气进行繁殖。在经过了一天的辛苦工作后，啤酒的“酿制”阶段终于完成了。

发 酵

在适当的温度下，将准备好的酵母注入麦芽汁当中开始发挥它的作用。麦芽汁当中有很多单糖等着酵母去分解，将其转化为酒精和二氧化碳。但在酵母进行这个任务之前，它们会先吸收所有的氧气进行繁殖，产生出更多的酵母子细胞来帮助完成糖类分解这个漫长的任务。只有在繁殖过程停止之后，真正的酒精发酵阶段才正式开始。

初步发酵

酵母就像一个微型的化学实验室，里面所发生的一切都具有高度的组织性，缜密无误，而且只要有食物存在，就能保证 24 小时不知疲倦地工作。在初始阶段，单糖的数量达到最大值，酵母的分解作用由此十分剧烈，从而释放大量的热量提高发酵器内的温度。因此，就需要通过一个冷却装置来防止温度升得过高。实际上，在操作过程中可能会出现一种恶性循环的风险：随着温度升高，酵母的分解速度会更快，其产生的热量就会更大。在这样的高温条件下，酵母很有可能会因此释放出异味，从而毁掉最终要产出的啤酒。而且，过高的温度还会导致酵母死亡，发酵过程也就无法继续进行。

如果是在一个合适的温度下，酵母就能够完美地完成自己的工作，将所有的单糖（葡萄糖和麦芽糖）在一周内转化完毕，同时产生出特定的味道与气味。在这样的情况下，麦芽汁的初步发酵阶段算是完成了。

二次发酵

在二次发酵阶段，发酵速度开始减缓，啤酒的温度也随之降低。许多酵母会失去活力，和其他固体颗粒（特别是凝固的蛋白质）一起慢慢地沉到底部。澄清过程会持续一段时间，在成熟阶段停止。

但是这个时候在啤酒里仍然会存在具有活力的酵母和剩余的单糖。剩余的单糖里除了麦芽三糖细胞以外，还包括麦芽糖糊精微粒，直到啤酒最终制成时仍有遗留。麦芽三糖细胞是一种最简单的糖，由三个葡萄糖分子构成，在二次发酵过程中会被酵母慢慢地分解（但也不是所有的菌株都能分解它）。二次发酵所需要的时间并不固定，这要看所酿啤酒的类型。比如，对于一些制作简单的啤酒，它们也许就不需要进行这一环节，而对英国大麦葡萄酒（English Barley Wines）和德国烈性黑啤（German Doppel Bock）这些工艺复杂的啤酒来说，所需要的发酵时间就很长了。

成 熟

在发酵的最后阶段，必须将啤酒进行冷却，冷却到 0°C 的低温以促使酵母自然沉淀，让液体变得澄清并让其维持稳定。除此之外，也可以使用更“简单粗暴”的方法，直接将啤酒进行过滤或离心分离，或直接添加胶体物，但是这些方法都无法加速啤酒的成熟。其他一些特殊的啤酒，比如兰比克啤酒 (Lambic), 以及在桶内进行熟化的啤酒，其成熟期将会持续好几年。

成熟阶段完成后，终于可以将啤酒装入啤酒瓶或啤酒罐里了。鉴于酿酒者的选择和风格，很有可能在啤酒进行瓶装前就已经完成了碳化，或者是在瓶中通过二次发酵进行。在后一种情况下，在对啤酒进行灌装或瓶装时会往啤酒里添加少量的糖（必要的话也会添加一些酵母），以引起小规模的二次发酵。由于装啤酒的容器是密封的，该二次发酵产生的二氧化碳能够融入啤酒，产生啤酒独特的泡沫。

在给啤酒进行装瓶的时候，酿酒者会用巴氏法给啤酒杀菌，消灭掉任何遗存于啤酒里的细菌，以确保啤酒能够保存得更加持久，当然这也意味着存在于啤酒内的酵母也会被杀死。以这种方式生产出的啤酒品质当然是能够得到保证的，但是拥有挑剔味觉和嗅觉的人仍然会发觉其中的瑕疵。

自然发酵

啤酒的发现具有偶然性。那时的人类正处于文明的启蒙阶段，刚刚开始定居并种植农作物。人类历史上第一次出现有关啤酒的记载是在公元前 3800 年，人们在尼尼微（Nineveh），也就是如今的伊拉克发现了一块刻有献给斯库鲁神（Sikuru，在苏美尔语里是“液体面包”的意思）的赞美诗，这已经是有关当时啤酒的所有记录了。在那个时期，啤酒被作为一种食物来生产，生产过程中没有任何的监测环节，生产条件并不是特别卫生，而且当时的人们并不知道酵母的存在。

但是酵母并不能因此就被排除在啤酒发展史之外。一直以来，啤酒制作伴随着谷物的发芽和新技术的引入而不断发展，其中对有关酵母知识的欠缺是次要的，更为重要的发展结果是酿酒界分成两大阵营：一方的酿酒者会搜集他们认为能引起麦芽发酵的原料，并将这些原料从一个桶倒入另一个桶中，从而制作出味道、品种一致的啤酒；另一方的酿酒者则完全依靠纯天然的方法，等着麦芽汁自然而然地转化为啤酒，这种方法所耗时间长，而且无法进行控制。

上述的第二种方法更为有趣，其依靠的是自然发酵，这种发酵方式对人工发酵的替代进行了抵抗，正如在高卢的阿斯泰利斯村发生的那样。尽管面临着种种困难，遭遇了来自法律模糊性和工业化的打击，但自然发酵方式仍然保留了下来，这种酿酒方式仍在今天的布鲁塞尔和帕约特兰德（Pajottenland，位于布鲁塞尔的西南部，塞纳河沿岸）之间的小范围地区使用。过去，在比利时的首都及其周围地区有许多酿酒者生产兰比克啤酒，这种酒就是靠自然发酵制成的，但如今生产这种啤酒的酿酒者只剩下很小的一拨人了。在布鲁塞尔当地，只有一家生产兰比克啤酒的酿酒公司留存了下来，那就是坎蒂隆公司（Cantillon）。这家啤酒公司如今仍然被同一个家族所拥有和管理。现在的公司所有人名叫让·范·罗伊（Jean Van Roy），是该啤酒创始者保罗·坎蒂隆（Paul Cantillon）的曾孙。让·范·罗伊继续采用室内的生产方式生产兰比克啤酒，集中分装贵兹牌啤酒（Gueuze），为整个公司做出所有的决策。该公司所拥有的酿酒厂已成为兰比克啤酒的博物馆。亲自到贵兹博物馆（位于比利时安德莱特赫大街 56 号）进行一次参观，漫步于啤酒成熟阶段的酒窖，在那里到处都是装啤酒的木桶，看一看铜制的酿酒锅和 19 世纪的酿酒设备，它们会向你展示一个无法用文字形容的精彩世界。

啤酒的自然发酵是生物多样性的典范。正是有了存在于空气当中的酵母和细菌，麦芽汁才能够进行发酵（空气中酵母和细菌的浓度会因酿酒厂和所处地区的不同而有所差异）。如今我们已经能够分离出酵母和细菌，能够计算出它们的数量，并将它们进行分类，归为不同的大类和小类，但是每年这种分类又会有所不同。所有的这些都通过啤酒反映出来，啤酒还同其产出的酒窖和酒窖里的植物有独特、紧密的关联。

啤酒酿造者其实不会有太多时间来制定酿酒策略，他们最多也就是在麦芽汁上做文章，

在谷物混合物里加入未发芽的小麦，因为这种小麦所含的淀粉能够让野生酶有所依附。酿酒者还可以通过控制酿酒桶来进一步增添啤酒的特色。但是啤酒的酿造更多还是靠自然因素，啤酒的生产必须在冬天进行，于第一场霜冻开始，一直持续到春季初。这是为了防止不受欢迎的细菌进入啤酒酿造的过程，削弱酒香酵母的作用。在啤酒生产过程中，酒香酵母才是起主要作用的酵母。它会同其他野生酵母、乳酸菌、醋杆菌等一起发挥作用，每一种酵母都承担着自己的职责，这些作用或大或小，但对整个酿酒过程来说都是非常重要的基础性贡献。鲁汶大学的科学研究家康蒂永界定了超过 100 种酵母（隶属于多个酵母属，包括多种酒香酵母等）、27 种醋酸杆菌和 38 种乳酸菌，这些微生物都为麦芽汁的发酵发挥了作用。然而这已经是好几年前的科研结果了，似乎重要性次之的新要素早已进入人们的视野……

但是自然发酵并不只是帕约特兰德地区（Pajottenland）独有的。在距离该地区不远的弗兰德斯（Flanders），有一种弗兰德斯红色啤酒（Reds of Flanders），其制作过程中使用了顶部发酵法（top-fermented），同时还利用乳酸菌和醋酸杆菌进行发酵。后一种方法里，少许乙酸会在橡木桶里被糖所稀释，酸味会占据主导地位。同样还是弗兰德斯地区的老布朗啤酒（Old Brown），这种啤酒会在顶部发酵过程中加入乳酸菌来丰富啤酒的味道。

在比利时，这些啤酒酿制传统仍被保留了下来，这与比利时的海外市场密不可分，这些市场主要包括美国、斯堪的纳维亚半岛上的国家及意大利。这些国家不仅仅是作为消费者在发挥作用，这些国家中不断增多的酿酒商们越来越常使用或新或旧的酿酒桶，延长啤酒的成熟时间，寻找能够实现自然发酵效果的香料配方。也就是说，几乎已经没有酿酒者会去试图实现真正意义上的自然发酵了，甚至接近于自然发酵的方式也无法实现！

顶部发酵

顶部发酵是指啤酒酿制过程中起发酵作用的酶来自发酵桶的顶端，该发酵所需的温度一般要高于底部发酵（Bottom Fermentation），在 20—22℃ 左右。然而，这里面也存在着特例。

有一种类型的啤酒叫作艾尔酒（麦酒），该啤酒使用的发酵方法同拉格啤酒（陈贮啤酒）一样，采用的是底部发酵法。看似可以从“底部发酵”这一术语当中了解有关该啤酒的信息，但其实我们什么也无法知道，它仅仅就告诉我们发酵所使用的酵母属于哪一类型，而用这种酵母发酵的啤酒有各种类型，不同种类之间的差异又非常之大。

顶部发酵在英国和比利时非常常见，它还标志着啤酒在美国的伟大重生，之后这种重生又发生在世界的其他地方。这种发酵方式在“超市啤酒”和“手工酿造啤酒”之间划出了界限。大部分的“超市啤酒”会使用底部发酵酵母，在味道和吸引力上都非常平淡，而“手工酿造啤酒”（又被称为手工啤酒或高质量啤酒）由独立的微型酿酒厂生产，它具有极佳的味道和吸引人的特点。但并不是所有的底部发酵啤酒都是一个味道，其中有一些算得上是精品，当然我们也不能确保所有的顶部发酵啤酒都拥有上乘的品质……然而这并不意味着小规模的啤酒生产者就无法通过顶部发酵或者是底部发酵来生产出高质量的啤酒。

在人们能够分离出酵母、购买经包装的所需酵母之前的几个世纪当中，啤酒都是通过自然酵母进行发酵，这些酵母进行的是自我选择，只有那些能适合特定条件（温度和酒精浓度）的才能够生存下来。这些酵母“生活”在同一种啤酒当中，它们会进行繁殖，并一批批地循环使用，有点类似于面包房中母面团的作用。这些一代代繁殖下来的酵母构成了啤酒酵母（Saccharomyces Cerevisiae）中的一类，而如今生面团的制作也都离不开它。这些酵母便是我们现在所说的顶部发酵酵母了。

英国是第一个实现酿酒工业化的国家，其改变了传统酿酒过程必须发生在实验室或者农场里的状况。最近，散装鲜啤酒又开始风靡流行起来，现在正呈现出蓬勃发展的局面，这要归功于 20 世纪 70 年代“正宗啤酒”运动中的志愿者们的付出。比特啤酒（Bitter，苦啤酒）、波特啤酒（Porter）、烈性黑啤酒（Stout）及印度淡艾尔酒都起源于英国，之后又传到了爱尔兰、俄罗斯，并在美国获得了新生。顶部发酵对于英国的大麦、麦芽及啤酒花来说都是完美的搭配。长期以来，啤酒花的泥土气息和麦芽的饼干味儿都混合在了一起，这种混合的味道在啤酒当中不太明显，只有在酿制中的啤酒成熟阶段完成时，我们从其产生的硫黄和二乙酰气体中才会闻到这种混合味道。顶部发酵酵母也很适合酒桶环境，酒桶的使用让盎格鲁－撒克逊的啤酒厂提高了啤酒生产的效率，缩短了啤酒酿制到啤酒销售之间的时间。这也催生了职业的酒吧经营者，他们继酿酒者之后，在自己的酒窖里直接管理酿制好的啤酒。

在比利时，顶部发酵能够发挥出它最大的潜能，它已不仅仅是一个简单的发酵过程，更是啤酒独特味道的来源之一。对于英国啤酒来说，酵母是啤酒内酒精成分的制造者；而在比利时，酵母经常被视为啤酒味道的主要贡献者。

从某种程度上来说，这已是比利时酿酒业的一个特点了：当你无法依赖大自然决定啤酒品质的时候，人们会自己选择酵母来决定啤酒的品质。

英国在有关大麦培育、发芽技术和啤酒花的研究方面具有领先地位。与英国相比，比利时就没那么重视这几个方面了，它更多关注的是对酵母的研究。比利时对啤酒花的忽视几乎导致了啤酒花种植园的消失（这些种植园最近才得以恢复）。这么多年来，比利时的啤酒酿酒者们一直都精心挑选独一无二的酵母，从而给啤酒贴上其生产地的标签。如果酿酒者没有实验室或没有自己独有的酵母，那么当他们统一从供应商那里换了一批新的酵母菌之后，他们就很难再次生产出和之前相同的啤酒了。一些酿酒者们拥有的酵母能够在不同的温度下进行活动，由它们酿制而成的啤酒会具有各种不同的味道，差异程度有大有小。

有一些比利时啤酒的确是酵母创造出来的杰作：它们拥有较高的酒精含量和稀释程度，这两者使浓稠度合适，同时它们还内含酯类，产生出啤酒迷人的香味和味道。赛松啤酒中一点辛辣的或呛人的味道特征，双料啤酒（Dubble）和四料啤酒（Quadrupel）中的水果味特征，三料啤酒（Tripel）的苯酚特征，这些都是由特定酵母带来的效果。

在以前，奥瓦尔（Orval）修道院的特拉普啤酒（Trappist）酿酒厂有一个微生物实验室，专门用于监测分离后的酵母。任何有需求的酿酒者只需要直接前往收集就能获得那里的酵母。奥瓦尔修道院的酵母独一无二，用于酿制该修道院唯一的一种啤酒。

在德国，啤酒酿制也使用顶部发酵，尤其是在小麦啤酒的生产过程中。比如德国的威森啤酒（Weizen / Weissbier），酵母的使用让它的味道更加鲜明醇厚：由酵母释放出的化合物乙酸异戊酯让该啤酒有了熟香蕉的味道，酵母产生的酚类物质又带来了丁香的气味。但啤酒花的作用就没那么明显。此外，碎麦芽还让我们在品尝该啤酒时会感受到小麦的涩味。

底部发酵

底部发酵啤酒之所以叫这个名字，是因为其所用的酵母都集中活动于发酵桶的底部。其实人们更多地将其称为拉格啤酒，“Lager”是一个德语词，是贮藏或仓库的意思。

我们光从“Lager”这个名字还无法判断该啤酒的风格或味道，“Lager”这个名字就跟“Ale”一样，只能说明叫这种名字的啤酒是一种底部发酵啤酒而已。此外，“Lager”这个名称被广泛用来指称工业化的啤酒，还将我们带回历史当中去，带我们回到啤酒历史的起点。在那个时候，啤酒的成熟过程是在酿酒厂底下的酒窖和隧道里进行的，整个过程会持续几个星期，因此啤酒不会受到外界温度的影响。那时候由于天然气制冷系统还没有发明，对啤酒进行冷藏的唯一方式就是将其置于酒窖里的酒桶内，这里面的温度保持恒定。在冬天即将结束的时候，人们经常会进一步深挖隧道，将里面填满从附近湖泊或河流里直接运来的冰块，让放置其中的啤酒保持约 0°C 的温度，这一温度是啤酒成熟阶段最适宜的温度。

今天我们所知道的为底部发酵啤酒的出现做出贡献的人有德国的嘉伯瑞·塞德麦尔(Gabriel Sedlmayr)和丹麦的埃米尔·克里斯汀 · 汉森（ Emil Christian Hansen ）。

塞德麦尔的成就在于他将英国于 19 世纪 30 年代工业革命时期使用的机械化啤酒生产方式引入德国。他对英国的方法做了调整，为位于巴伐利亚慕尼黑的斯贝特啤酒厂带来了飞跃性的发展，由其改进后的方法随后传遍了整个德国啤酒酿制业。为了确保啤酒酿制过程的精确性和稳定性，塞德麦尔还引进了一些英国的生产技术来制作绝大多数的原料和设备。其中引进的技术包括糖量计的使用。塞德麦尔还在发芽环节上做了改动。

埃米尔 · 汉森是嘉士伯啤酒公司在丹麦雇佣的霉菌学家，

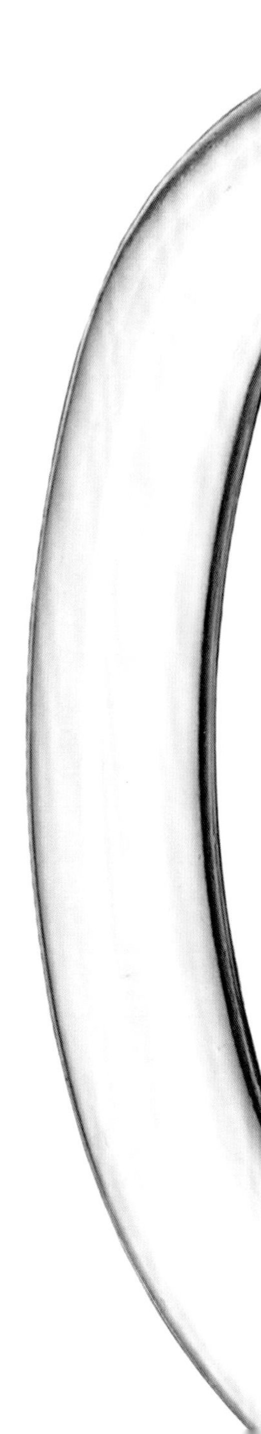

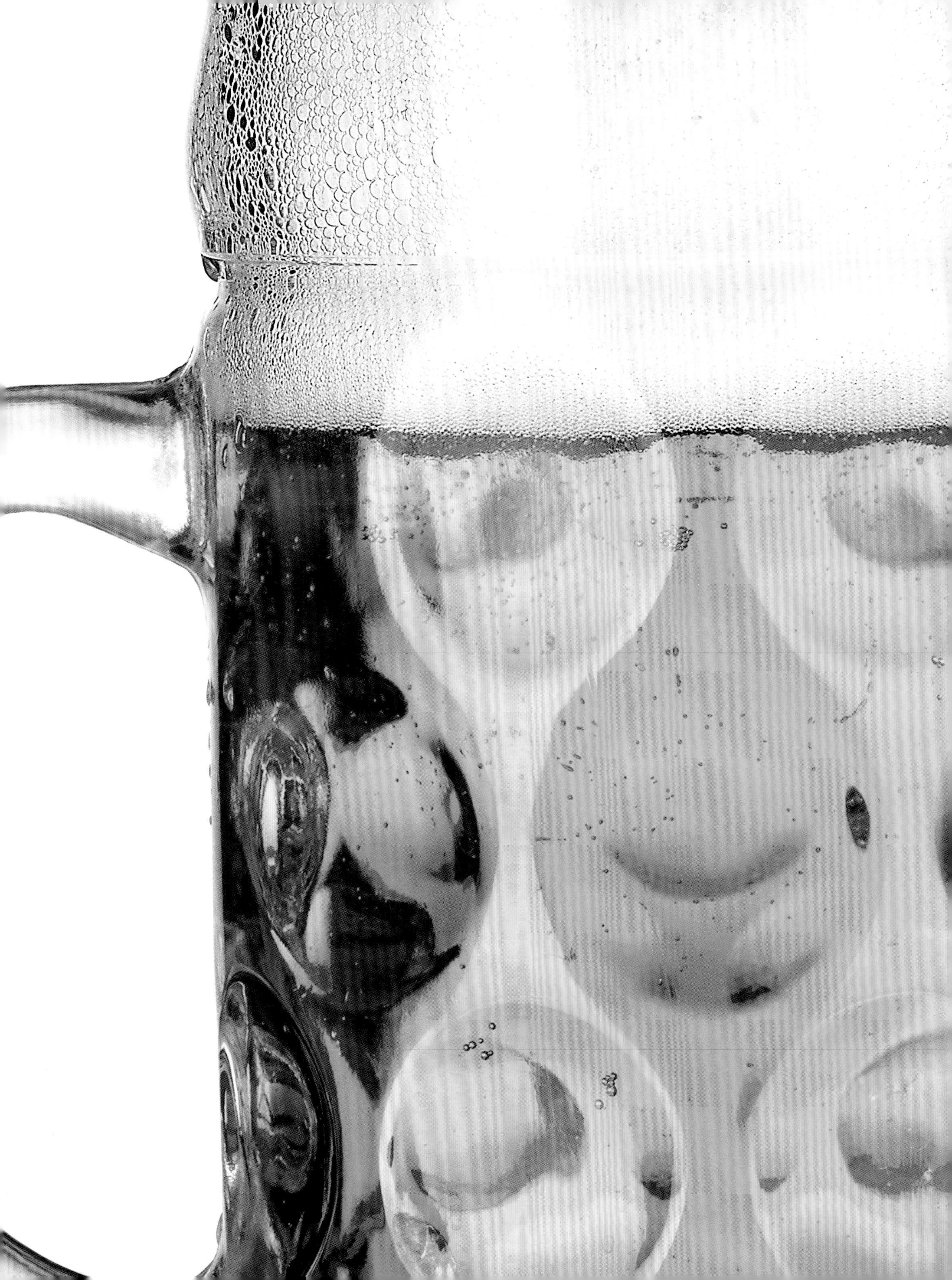

他从 1870 年开始为该啤酒公司工作，一直到 1909 年逝世。汉森是第一个通过研究分离出酵母细胞的人，按照他用其进行研究的实验室的名字，这种酵母被命名为卡氏酵母（Saccharomyces Carlsbergensis）。汉斯通过研究还发现，酵母还可以在实验室内进行再生产。

上述这两个例子向我们介绍了现代拉格啤酒的世界。大多数的拉格啤酒瓶装精美绚丽，贴有华丽的标签，我们可以在全世界超市的货架上找到它们。

但是底部发酵并不仅仅用于工业化生产的啤酒，对于由快速工业化生产方式生产出的啤酒来说，市场营销所耗费的成本要高于原料本身。底部发酵同时还运用于手工啤酒的酿造。所以从总体上来看，采用底部发酵的啤酒都是些复合型啤酒，它们需要较长的成熟期，一般需要两到三个月，而且需要在一个低温的环境下进行，只有这样，这些啤酒才能在最后具有既清新又醇厚的芳香。由于活动时 15°C 以下和成熟阶段 0°C 的低温，底部发酵酵母对啤酒气味和味道的形成所产生的影响非常小。它们会将这重要的使命让给啤酒花而不是麦芽去完成，这些啤酒花来自哈勒陶（Hallertau）、泰特南（Tattnang）及其他德国和波西米亚地区。在低温的酒窖内进行的漫长成熟过程中，这些酵母会慢慢地吸收掉释放出的任何异味，这些异味包括由二乙酰产生的一种刺鼻的果味黄油气味，以及各种硫黄化合物产生的臭鸡蛋味和烂菜味。在完成了对各种异味的吸收之后，这些酵母就会沉淀到底部，啤酒随之就变得清澈透明。

一些最好的社交型啤酒就属于底部发酵啤酒（社交型啤酒是指苦味较淡、酒精浓度较低的啤酒），包括皮尔森啤酒（Pils）、淡啤酒（Hell）等多个种类。

在法兰克尼亚，每一家酿酒厂都会生产底部发酵啤酒，并会向邻近的酒馆大量出售。每个酒厂都有他们自己对传统啤酒的阐释。虽然他们的理念有着共同的起点，具体阐释却存在巨大差异。《啤酒纯净法》对啤酒的生产进行了长达数个世纪的控制，但并没有因此导致啤酒品种的统一，这项法令仍给酿酒者留下了充足的自由发挥的空间。并且这一法令并没有对啤酒的质量进行控制，因此生产出的啤酒质量有好也有坏。

虽然嘉伯瑞·塞德麦尔和德国的《啤酒纯净法》引入了先进的技术，但底部发酵仍然局限于私人啤酒的起源地，主要因为只有这里的水源才能孕育出不同品种的大麦麦芽。独特的水源创造出了一系列独特的啤酒品种，著名的有慕尼黑啤酒、多特蒙德啤酒、皮尔森啤酒（这一啤酒来自波西米亚的皮尔森城），还有南部地区的维亚纳拉格啤酒。

进行底部发酵的啤酒厂，其卫生程度必须要达到手术室的程度。啤酒厂的卫生程度可以从它的发酵桶是敞开的还是有盖子的这一点上看出。大多数的酿酒者都忘记了在不久以前，啤酒是在木桶里熟化的，这就使啤酒会带有木头的味道。而现在，酿酒者们工作时会穿上干净的白色外套，走在擦得发亮的地板上，而金属酿酒设备表面也能够清晰地映射出他们的样子。

现在工业化的拉格啤酒在世界啤酒市场上占据了主导地位，但同时表面底层发酵啤酒也以强劲的发展势头给予回应。例如在美国，出现了两个新的底部发酵啤酒品种，分别是美国皮尔森拉格啤酒（American Pilsner Lager）和琥珀拉格啤酒(Amber Lager)，这两种拉格啤酒的独特之处在于它们在酿制过程中都大量使用了美国的啤酒花，无论是从苦涩的程度还是从啤酒的芳香上，都超越了德国的拉格啤酒。

意大利也不甘示弱，其底部发酵啤酒的生产并未退步。正是意大利几款品质优良的底部发酵啤酒为其带来了酿酒业的复兴。意大利底部发酵啤酒不仅保留了传统特点，还进行了创新，从而打造出独一无二的意大利品牌。意大利东北部曾经有段时间处于奥匈帝国的统治下，在这段时间里，该地区散布着的酿酒厂都在很大程度上受到了奥地利啤酒酿制传统的影响，而这一传统又不同于德国。这就解释了为什么在该地区底部发酵啤酒至今仍普遍为人们所生产、饮用。总体上来说，底部发酵啤酒的生产在意大利的啤酒业内只占小部分，但这一类啤酒一般都有着上乘的质量，对人们有着很大的吸引力。最后，由啤酒联盟（Unionbirrai）组织的“啤酒年”全国性比赛将意大利拉格啤酒这一种类也归入比赛范围，隶属低酒精含量的意大利清啤酒这一大类。这一举措是受到了德国啤酒业的启发与促进。

在底部发酵啤酒的发展史上，荷兰借鉴了其南部地区和西部地区的经验。一些走德国模式的啤酒厂及最近的一些荷兰酿酒者都开始改变原有的酿酒习惯，对根深蒂固的传统做法进行变革。此外，该国的其他地区大多也都接受了工业化带来的变化，没有进行实验或研究来添加新的原料。

怎么上啤酒

要总结出简单、正确的上酒方法，我只能说这是不可能的。如果非要让我提供建议，我只能说：“随心所欲吧！”你又不会因为上酒方式不妥，或者直接对瓶喝冰冻的啤酒就死掉！

如果你想享受啤酒带来的极致体验，那就放轻松。关于如何上酒没有所谓正确的方法，只有一些需要提醒你注意的关键点：

第一，毋庸置疑上酒环节非常重要，要求做到精细，因为这一环节可以提升享受品质。如果有所欠妥，则会扫了喝酒的兴致。

第二，上酒过程中所有涉及的相关因素都同样重要：温度、玻璃杯的种类、准备过程、倒酒技术及所提供啤酒的种类。

我们将从两种主要的上酒方式说起，分别是从桶中倒酒和从瓶中倒酒。

酒店老板将自行决定要不要使用压力泵或手动泵，或是直接从木桶中倒出啤酒。

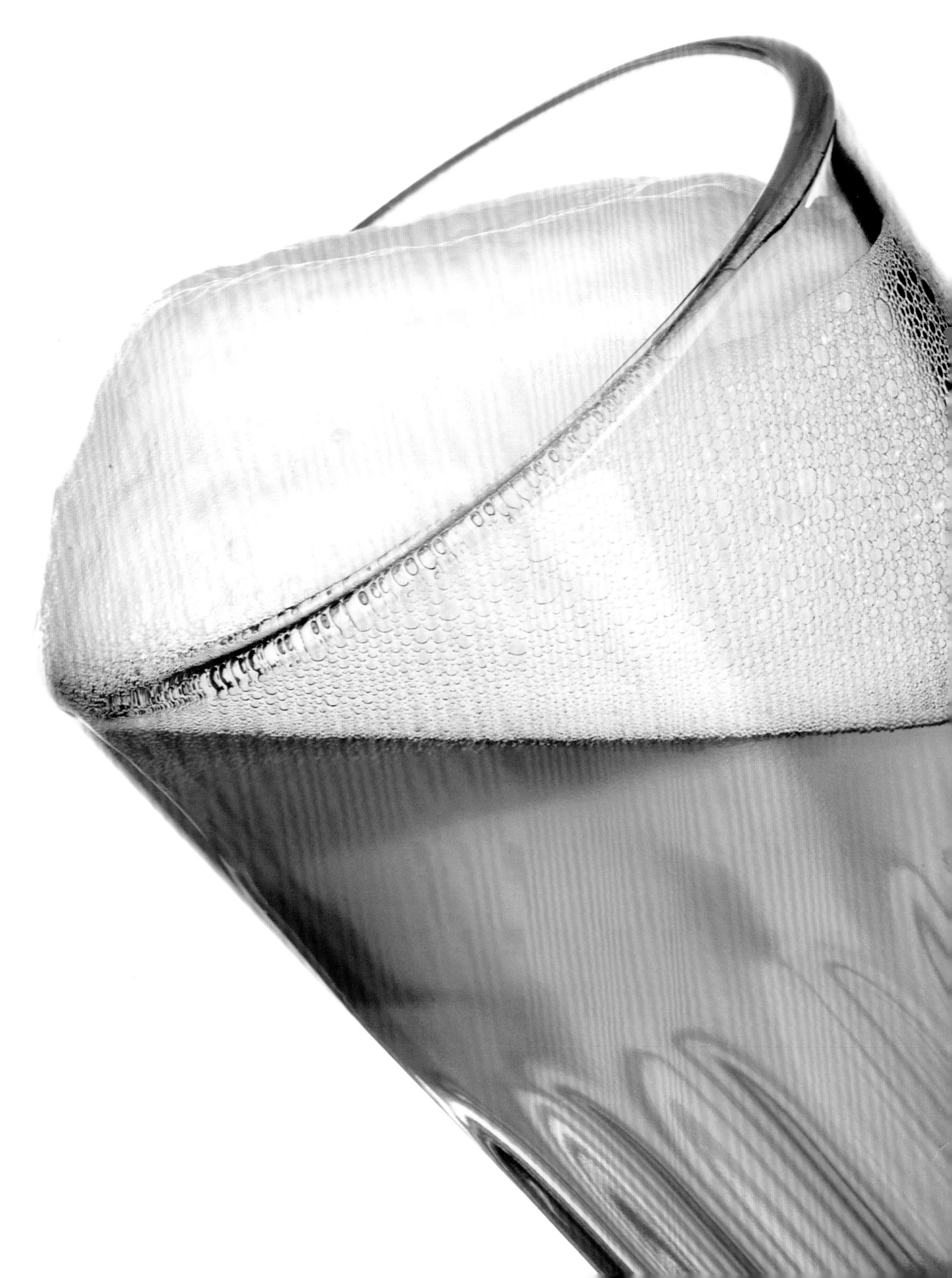

生啤酒

生啤酒的上酒方式是使用得最为广泛的一种，是将气体注入装有啤酒的密封桶，靠产生的压力将啤酒通过冷却管压出龙头口。当然，只有有保证的食品级气体才会被使用，包括二氧化碳和碳氮气体（二氧化碳和氮气的混合物）。这种方式适用于世界上的大多数种类的啤酒，这一方法可以让上酒速度加快，但无法保证所上啤酒的质量，啤酒会过于冰冷，碳酸含量过高。但只要谨慎、专业地操作，掌握好接酒时玻璃杯的距离与倾斜度，就有可能在合适的温度下得到二氧化碳含量适合、顶着漂亮泡沫的高质量啤酒。

手泵

手泵是一种非常传统的供酒工具，它有一个凸出的杠杆和一个类似于天鹅脖子的长喷嘴。手泵能够实现啤酒的远距离输送，盛装啤酒的酒桶常常是放置在阴冷的地窖里或是酒吧地下室内的冰箱里。它的工作原理很简单：通过用手拉动杠杆，产生一个真空空间，啤酒由此会被吸出木桶。有时候在手泵的喷嘴口处还会加上一个被称作“钻石”（Sparkler）的装置，这一装置上有许多小孔，受强大压力挤出的啤酒在通过这些小孔时速度会加快，从而产生大量的小气泡，最终接到的啤酒就会有一层紧凑美妙、奶油般的泡沫。运用这一方式的大都是淡啤，喝淡啤不会使你的肚子发胀，而且在喝淡啤时最好不要将其冷藏得过冷。这一种上酒方式适用于英国和美国的很多顶层发酵啤酒，而且这种方式的上酒速度也十分快。

直接从木桶中倒出

这是最古老也是最简单的上酒方式了，只需要一个简易的龙头，把它接到酒桶上，就可以让啤酒在重力的作用下自然地流出来。但当啤酒从桶里倒出来时，空气就会随之进入桶内，从而产生氧化作用，这就是为什么我们得尽快将桶内的啤酒倒尽，尤其是在啤酒还未经过冷藏的情况下。今天，这种传统的上酒方式仍然可以在英国看到。在英国，这种方法主要用来供应散装啤酒。除英国之外，其他一些地方仍在使用这种方法，如位于烟熏啤酒（Rauchbier）的产地，德国的班贝克镇（Bamberg），还有皮尔森酒（Plis）之都布拉格。如果你恰巧碰到开封酒桶的仪式，看到有人要对酒桶使用铁锤或锤棒时，请不要惊讶，他们只是在装龙头而已！你没有什么需要担心的，除非是装酒阀的人手抖得都没法正确安装龙头。要是发生了这种情况，那么周围的人就可能会被洒出来的珍贵啤酒溅到。总之，如果是用这种方式提供啤酒，那么就不要期待上来的啤酒能够顶上厚厚的一层泡沫或是充满气泡了。

对于上述介绍的三种上酒方式，我们不能说哪种对哪种错。啤酒的泡沫含量、温度及上酒时间都不是绝对的。当你参加田径比赛的时候，你会穿着一双登山靴吗？或者你会开着一辆法拉利去进行环游全国的旅行吗？每一个人都有权利做他们喜欢的事情，在你做了自己想做的事之后，就不要去抱怨你的双脚有多么酸痛，你的车被撞了多少凹痕。如果你的啤酒是用手动泵倒出的，那你就不必期待它会是充满泡沫的冰镇啤酒；如果用的是压力泵，并且在接酒时酒杯位置倾斜，贴近出酒口，那么你拿到的啤酒就会拥有大量的美丽泡沫，但同时也可能会觉得这杯啤酒给人臃肿的感觉。在这里，我要再一次强调了解不同国家的不同风俗习惯、传统与风格的必要性。在比利时，啤酒顶上的泡沫对人们来说具有很大吸引力，人们习惯用一种例如小铲子的小工具来“铲除”超过玻璃杯口的那一圈泡沫；在德国，你有可能发现那里的啤酒泡沫常常都是溢过了玻璃杯的边缘；而到了英国，你可能又会看到那里的啤酒根本就没有泡沫！这种差异并不表明有些国家的上酒方式是错误的。正如我们之前所说的那样，每一个国家都有他们自己的风格与习惯。

根据啤酒的不同类型使用合适的玻璃杯非常重要。如今，每一种啤酒都有适合自身特点的专门的玻璃杯，但这同时也会带来困扰……啤酒的玻璃杯必须要保证绝对干净，不能留有丝毫的清洁剂或洗洁精的痕迹，因为这些遗留物会消灭掉具有活力的泡沫。在清洗玻璃杯内部的时候，要尽可能地使用冰水，这可以避免啤酒被倒入杯中后遭遇温度急增的情况。

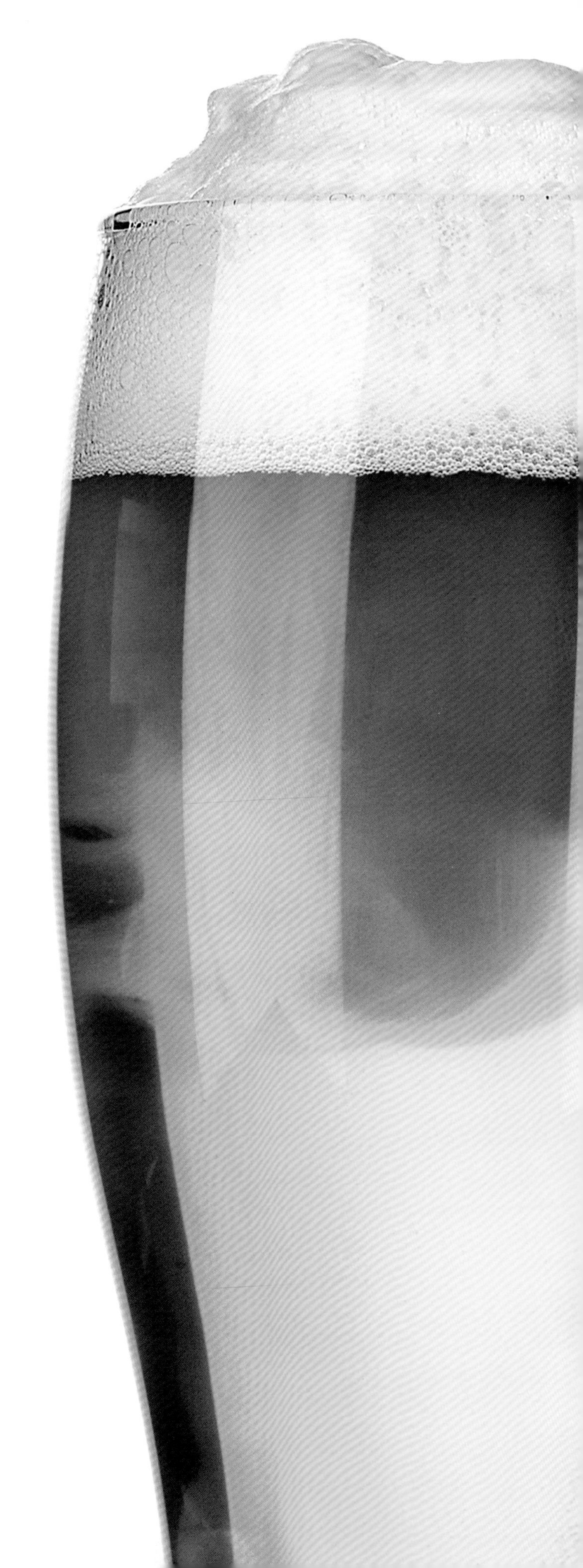

瓶装啤酒

对于瓶装啤酒来说，比上酒环节更为重要的是使用正确的保存方式，尤其是当瓶装啤酒未经过巴氏消毒或再发酵的情况下。关于啤酒的保存有一个通用的方法：将酒瓶保持直立状态（除非酒瓶已用软木塞封住），放置在阴暗的地方（以防止由光照造成的质变）。瓶装啤酒的保存时间因啤酒种类的不同而不同。比如美式淡艾尔啤酒（APA）和淡啤酒需要及时饮用，而成熟期长达几年的高酒精大麦酒则会随着时间的推移变得愈发醇厚。

我们得在啤酒杯的选择上下一番功夫，要根据啤酒的风格选对合适的玻璃杯。清洗啤酒杯时要彻底，最后完全拭干。今天的人们对啤酒杯并不在意，认为其不就是用来装啤酒吗，但在历史上，玻璃杯是奢侈品，只能由少数特权阶层使用。那时候的大多数人喝啤酒用的都是由木头、黏土或金属制成的酒壶，更有甚者用的是涂有焦油的皮制容器。典型的带盖大啤酒杯在今天看来可能会有很浓的民间风俗气息，但在过去的乡村里，这种类型的啤酒杯作用非常大：在露天喝啤酒的时候，啤酒杯的盖子可以防止各种小虫掉入杯内。当然，有人会说这种杯子可能会有碍氧化作用，这一说法并没有错，但是，这一缺陷在其巨大的优点之下就显得微不足道了。

上酒过程中还需要考虑的一点就是要让啤酒处于合理的温度下，这一温度范围在 5°C 到 18°C 之间。如果是格鲁比尔（Gluhbier）啤酒，则其需要的温度会更高一些。它是一种烈性黑啤，像加了香料的热葡萄酒一样，上酒时是热的。如今，越来越多的啤酒标签和啤酒厂网址都会告知啤酒应该在什么样的温度下饮用。较为简单的啤酒，比如淡拉格啤酒，也可以在温度很低的情况下饮用，而对于较复杂的啤酒而言，例如比利时双料啤酒和英国的艾尔啤酒，需要在 10-12°C 的温度下饮用，因为过低的温度会导致啤酒味道变质。

低温还会抑制啤酒清香味的散发。过低的温度会影响啤酒的味道，因为低温会导致我们味蕾对啤酒味道感知度的下降，就像我们的舌头被冻得失去了知觉。

我们还需要明确的一点是，上酒时的温度指的是上酒时玻璃杯中啤酒的温度，为了保证这一温度的合理性，我们还得同时关注周围环境的温度，尤其是在炎热的夏天。

这样一来，我们就有了由酿酒者精心酿制、妥善储存、在适宜温度下上桌的瓶装啤酒。而且，我们还有被洗得干干净净的合适的酒杯。

现在我们可以打开酒瓶了。但是就连开酒瓶这个环节也有很多内容可以探讨。一起去倾听木塞挤压时发出的或响或轻的声音，去观察从瓶颈中慢慢逃离出来的浓稠气体，去欣赏那升到啤酒表面或大或小的气泡，可能的话，让我们将啤酒瓶稍稍倾斜，给泡沫提供更大的空间。

终于到了倒酒环节了。倒酒时，将瓶口贴近玻璃杯，并留出一到两英尺（1 英尺≈ 30.48 厘米）的空隙。将酒杯倾斜 45°，让啤酒沿着酒杯的杯壁流下，速度不要太快也不要太慢。当玻璃瓶底部已经盖满啤酒和泡沫后，就将玻璃杯立直，不间断地倾倒啤酒，直到玻璃杯被啤酒装满。不要担心会产生太多的泡沫（即使泡沫占到了整个玻璃杯的 75%），如果需要的话，还可以根据泡沫的多少来调整玻璃杯和酒瓶之间的距离。但是如果产生的泡沫太少了，也不需要太担心，这并不是个很糟糕的情况。有的人会因此将酒杯高高举起炫耀自己倒酒的技术，这实在是很荒谬，因为泡沫少仅仅意味着该啤酒没有被充分碳化。还要注意的一点是，在倒啤酒的过程中，不要将啤酒瓶放置得过于倾斜，甚至到几乎水平的程度，也不要倒得过慢，因为这样不易产生泡沫。

产生的泡沫释放出了啤酒内的二氧化碳，如果没了泡沫，留存于啤酒中的二氧化碳会直接进入我们的胃当中，从而产生不适的肚胀感。所以一层美丽的泡沫带来的可不仅仅是美学意义上的享受！通过亲自尝试和检验，你会发现如果上酒的方式正确了，那么饮酒就会更加方便，能带来更大的享受。

如果从品尝效果的角度出发，稍微降低酒杯中二氧化碳的含量对提升啤酒的味道还是有好处的。当啤酒经过舌头时，如果过量的气体从啤酒中被释放出来，造成无数的气体“小爆炸”，那么此时舌头上的味蕾就会同啤酒过冷时的情况一样因此而麻木，从而无法敏锐地感知啤酒的味道。我们必须空出充足的时间来等泡沫慢慢地变少，然后再垂直地拿起酒杯继续倒酒，然后再继续等待。必要时，重复这几个步骤直到杯中的啤酒和泡沫各自达到适当的含量。当然这一过程也会因为啤酒风格的不同而存在差异。在接下来几章里，我们会附上每种啤酒的图片，这些图片会有助于你更好地理解这一点。

就我个人而言，我并不会因为人们不喜欢泡沫而过分担心：我常希望自己能够说服他们认识到啤酒泡沫的魅力，想让他们知道喝上一杯顶着一大层泡沫的啤酒是多么简单，我乐此不疲地向他们证实着这一点。为了避免吞下泡沫，你只要在举着酒杯时将它倾斜，让啤酒流入你半张开着的嘴，泡沫会停留在你的上嘴唇上，如果是有胡子的人，泡沫则会粘到你的胡子上。

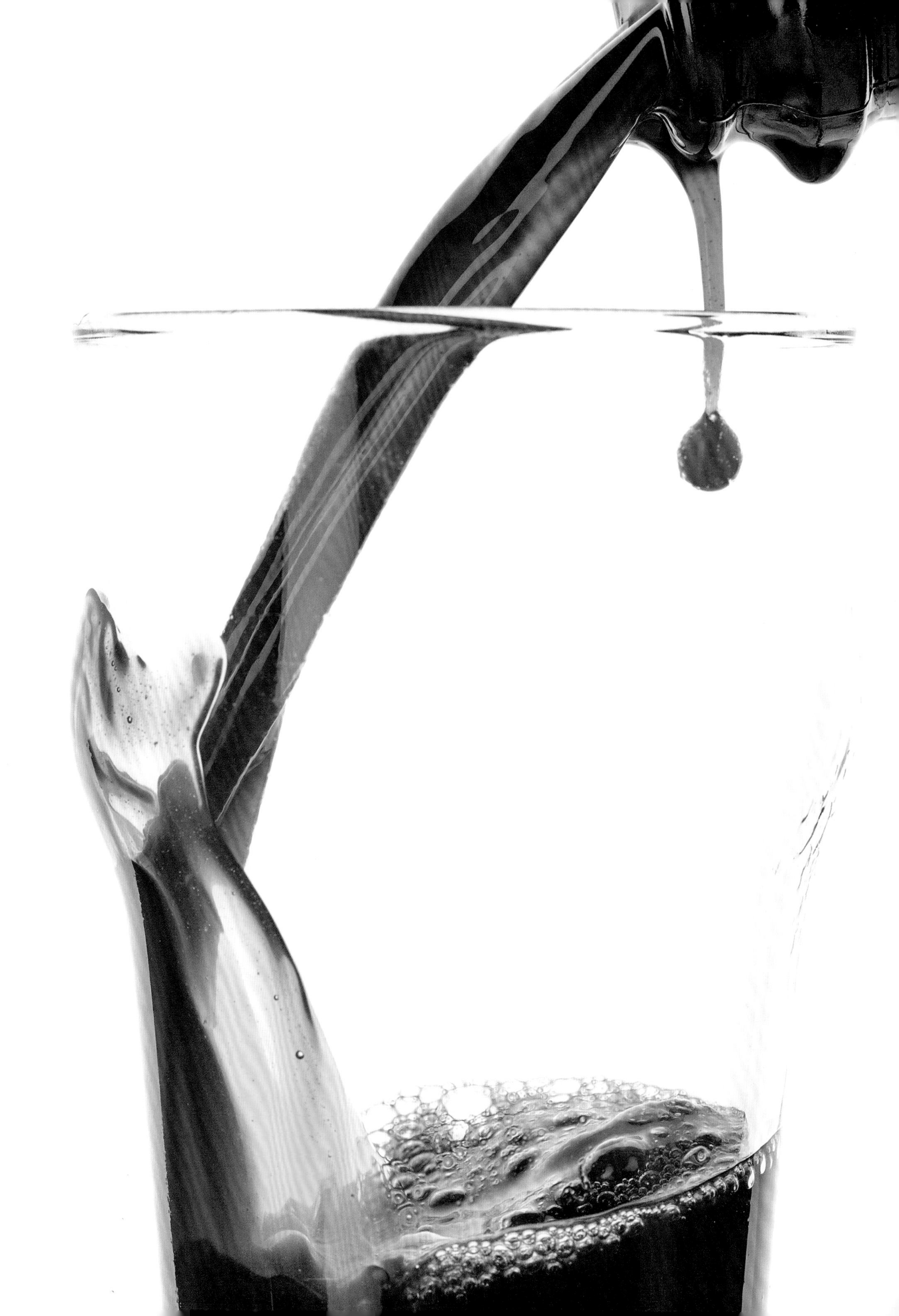

生产啤酒的主要国家和各自的特点

在这一部分我们会介绍不同风格种类的啤酒，这些风格根据啤酒生产的地区和国家进行分类。我们需要记住的是，虽然历史上有很多由个人酿制的啤酒，这些啤酒也都堪称精品，但它们并不能自成为一种风格，因为每种风格下又分有不同的具体类型。

啤酒那醒目、极富吸引力的名字、标签和品牌就像是它们的外表或皮肤，能够使自己区别于其他啤酒，但是有时候“外表”也具有局限性和迷惑性，它们无法回答实质性的问题，比如哪一种啤酒才是世界上最好的啤酒——可能这一问题在不同人心中会有着不同的答案。这就是为什么我们决定要去关注啤酒的风格类型，去了解外表下的实质，带你走近不同种类啤酒的核心与灵魂。

风格包括一系列的特征和客观因素，包括颜色、酒精含量、味道（或酸或甜或苦）、气味等。虽然各种啤酒都经历了持续的发展阶段，但要描述它们的风格还得追溯它们的历史，啤酒的风格特点在生产者和消费者之间能够达成一种共鸣。

如果你不喜欢在对一种啤酒毫无了解的情况下就饮用它，如果你想了解有关你未曾喝到的啤酒的评价，如果你想去探寻能够让你心仪的啤酒，那么我们对啤酒风格的梳理对你来说就大有用处了。如果你非常看重排名，想获得更详细的指导资料，你可以访问例如 www.ratebeer.com, www.beeradvocate.com, 以及 www.untappd.com 这几个网站，你可以在上面阅读到其他人的相关评论，当然你也可以给出自己的评价。在这些网站上，你将能获得这方面的海量信息：成千上万的酿酒厂，成百上千种啤酒，数以百万的评论。

很显然，这些网站不会要求你必须拥有“品尝资格证”才能让你评论，但在做出你自己的评价时请务必谨慎。

在接下来的几页当中，你将找到有关不同种类啤酒的更多细节，从最负盛名的到默默无闻的，我们会根据生产国与生产地区进行分类并加以具体介绍。我们在这本书的最前面也用到过这一分类，这种分类有助于你对不同地区的啤酒做比较，能够帮助你形成自己的一套分类方法。在介绍每一种啤酒时，我们都会用到以下的信息：

制 法：使用的酵母类别（顶部发酵、底部发酵或自然发酵）。
类 别：该啤酒所属的家族源自哪里。
风 格：独特的酿制配方和生产方法。
原产地：生产该啤酒的国家或地理区域。

对于每一种啤酒，我们还会简单介绍其历史，包括一些有趣的、非同寻常的奇闻轶事，介绍该种啤酒是如何发展至今的。

酿造

我们将会告诉你每一种啤酒的生产技术和材料（还有一些秘方）。在这个特别的部分里，我们建议你在阅读过程中对遇到的有关术语进行查阅。

特征

这部分所要介绍的都是区分啤酒风格的基本要素。这些要素可能在不同的啤酒上的体现程度或大或小，这取决于每个酿酒者对啤酒风格的不同解读与阐释。在这一部分当中，由于每种啤酒特征的多样性，要保持一个标准的介绍模式非常困难。因此，我们对不同种类啤酒的介绍会有不同的侧重点，有的将介绍重点放在气味上，有的放在味道上，有的则会着重介绍它的搭配物……啤酒的典型特征包括以下这些：

外 观：啤酒的泡沫部分和液体部分（颜色、稠度等）。
气 味：由鼻子闻到的各种芳香。
味 道：喝啤酒时品尝到的味道。
口 感：喝完啤酒后嘴里留下的余味。
酒精含量：啤酒中所含酒精量的百分比。
搭 配：传统、特别或奇怪的食物搭配……我们仅仅是提出建议，当然还是要你来亲身体验！

比利时

比利时拥有辉煌悠久的酿酒传统，它常被人们同啤酒联系在一起，这里到处分布着酿酒厂与露天啤酒店。比利时是传说中啤酒的发明者甘布赖纳斯（Gambrinus）的故乡，这位传奇人物还被视作啤酒的保护神。一直以来，有关他的历史有很多版本，有的人认为甘布赖纳斯是弗兰德斯国王，有的人认为他是查理曼大帝宫廷里的侍酒者，也有人认为他是第一位在啤酒中添加了啤酒花的人，等等。

20 世纪初，比利时有超过 3300 家酿酒厂，但到了 20 世纪末，只剩下 100 多家在运营。在经历了该行业的危机及某种程度的身份认同危机之后，从新世纪开始，比利时的酿酒业迎来了新的转机，一些年轻的酿酒者开始引入新产品，给酿酒业带来了新的发展动力。如今，比利时的酿酒厂数量开始上升，虽然仍与过去的辉煌时期相距甚远。小规模的生产者也向外出口他们的产品，他们又重新获得了市场份额，改变了先前工业化拉格啤酒占据比利时市场的局面。同样的经历在历史上也曾发生过：“二战”结束后，酒精含量低、味道平淡的啤酒在全球市场上大行其道，作为反击，比利时生产出高酒精度的啤酒，降低啤酒的苦味，保留了由酵母产生的辛香味道。

如今，充满活力的年轻酿酒者们正在重新书写比利时辉煌的酿酒历史，这样的酿酒者包括弗兰德斯的德兰克（De Ranke）、布鲁塞尔的德勒塞纳（De la Senne）及瓦隆的拉鲁尔斯（La Rulles）。这些年轻的酿酒者们有感于传统啤酒的消失，从现代理念出发进行啤酒的酿制，让具有苦味的啤酒花再次成为同酵母一样重要的原材料。

这一改变推动了啤酒花种植业的发展，大面积的啤酒花种植园出现在乡村地区。在这些种植

园里，到处竖立着供啤酒花在夏季攀援生长的杆子。大学也为这一新的发展做出了自己的贡献。各大学为酿酒者们提供微生物实验室，为酿酒者分离酵母提供帮助，确保生产出的啤酒能够具有鲜明的特征和识别性。

比利时的兰比克啤酒很有名（关于其介绍可看“自然发酵”这一章节），它源自一种古老的啤酒，这种啤酒曾因生产者的减少而濒临消失。在生产兰比克啤酒时，酿酒者会将其置于酒窖内让其自行成熟，随后再将该啤酒同几种葡萄酒混合在一起，制造出独特的贵兹啤酒。当今兰比克啤酒发展得很好，它的海外市场尤为广阔，但国内市场有些受挫，很多帕久滕兰德（帕约特兰德）典型的小咖啡馆因此而倒闭。今日，品尝这些啤酒的好去处包括两处酒吧，一处位于布鲁塞尔的市中心，另一处位于圣吉尔的历史街区。这两处酒吧提供比利时啤酒当中的精品，包括兰比克啤酒、克里克啤酒（Kriek）、贵兹啤酒等。除此之外，伊泽林根的德葛洛多斯特（de Grote Dorst）酒吧也拥有一个令人为之惊叹的酒窖，其内存有贵兹、兰比克及各式年代久远的葡萄酒。

特拉普啤酒也是比利时啤酒的一个典型代表，西多会中至少有 6 家修道院生产这种啤酒。这种啤酒会带来一种误解：我们常听人们将特普拉斯啤酒归为一种啤酒的风格，但事实上，该啤酒六角形的标签上写着的“正宗的特普拉”表明这种啤酒是在修道院内生产出来的，生产受到僧侣们的控制（但这也并不是说主要的酿酒师就一定是僧人），之后由啤酒生产所带来的利润会用于慈善事业，而不会成为修道院的财富。

赛松啤酒

制法：顶部发酵

类别：比利时艾尔酒

风格：赛松啤酒

原产地：比利时，瓦隆尼亚

赛松啤酒（Saison）是比利时历史上著名的啤酒，它产生于瓦隆尼亚的农场，那里是比利时的法语区。赛松在法语里是季节的意思。一开始，赛松啤酒只是在夏季的农作日里给农民们解渴用的，同时也作为他们的部分报酬。所以，在那个时候就要保证啤酒能够在最热的月份里保持新鲜不变味。那时的啤酒酒精度很低，每一个生产啤酒的农场都有他们自己的酿酒配方，可能会根据每年能够获得的原材料的不同而有所变化。在法国西北部地区，由农场生产的加尔达啤酒（the Bières de Garde）所含的酒精浓度会更高一些。

酿 造

顶层发酵酵母适合在高温下活动，它能够让麦芽汁转化为酒精浓度达 5%—7% 的啤酒。在很多情况下，酿酒者会通过添加各类调味品（如胡椒、小茴香、朝天椒、芫荽等）来使啤酒产生辛辣的味道。大陆啤酒花在实现啤酒的苦涩味道和芳香气味上起着关键作用，所使用的谷物也包括小麦和未发芽的斯佩尔特小麦。

特 征

赛松啤酒的颜色既有淡黄色的，也有黄铜般的琥珀色，通常呈淡橘色。在很多情况下，啤酒并没有过滤完全，因此看起来并不会完全透明。赛松啤酒通常能产生大量泡沫，这些泡沫紧密且持久。

由酵母带来的苯酚气味和辛辣味同其他香味一道形成了一种似花似草的植物芳香，有着持久的麦芽汁味道及清新的柠檬味。

赛松啤酒的液体稠度中等。当赛松啤酒进入口中时，碳酸气泡会给你的舌头带来无比的快感，在喝下后会有一丝的苦味，而且还会有持续的余味，有时辛辣，有时似草本植物与柠檬的味道。

由不同生产者生产的赛松啤酒彼此之间会有很大的差异，但这类啤酒有个共同的特征：它们都具有一种清爽的提神作用。

酒精含量： 5%-7%

搭 配： 海鲜沙拉、什锦冷拌生菜。

白啤酒

制法：顶部发酵 / 小麦啤酒
类别：比利时艾尔酒
风格：白啤酒
原产地：比利时

白啤酒（Bière Blanche）有着悠久的历史，产生于中世纪之前，那时啤酒花还未被用于啤酒的酿造，当时人们使用的是一种名为“格鲁特”（Gruyt）的原料。

20 世纪中叶，该啤酒几近消失，后来是由皮埃尔·塞利斯（Pierre Celis）将其复兴。皮埃尔是弗兰德斯赫尔花园（Hoegaarden）小镇上的人，当他看到自己镇上最后一家小麦啤酒的生产厂关闭的时候，他下决心放弃自己的工作，投入到复兴这一古老啤酒的事业当中去。

今天，白啤酒遍及全球，其新鲜度获得了世界性的赞誉。

酿 造

该啤酒一般会使用大量未发芽的软冬小麦作为原料（占所用谷物的 50%），所使用的调料包括芫荽、酸橙及会产生独特芳香的顶层发酵酵母。

特 征

白啤酒呈淡黄色，但由于酿制中小麦的使用，制成后酒中悬浮的酵母会产生乳白光，再加上啤酒中存在着大量密集、持久的白色泡沫，啤酒的颜色会转为白色。

该啤酒会有淡淡的蜂蜜般的香味，以及柑橘类水果和辛辣的味道，但这一刺激性的味道从来都不会过于浓重。

白啤酒的液体稠度一般，但口感非常醇厚，喝下之后回味干爽。

这种淡啤酒具有很好的提神解渴作用，是夏日夜晚最好的饮品选择。

酒精含量：5% 左右
搭 配：禽肉、鱼、贝壳类海鲜。

比利时金色浓艾尔酒

制法：顶部发酵
类别：比利时浓艾尔啤酒
风格：比利时金色浓艾尔酒
原产地：比利时

比利时浓艾尔酒（Belgian Golden Strong Ale）是修道院三料啤酒（Trappist Tripel）的世俗版本。作为对工业化拉格啤酒在市场上成功的挑战，该啤酒产生于“二战”后的摩盖特（Moortgat）酿酒厂，酿酒者们使其具有了同工业化拉格啤酒一样迷人的金黄色泽。很快，比利时浓艾尔酒就被冠以“邪恶”“可憎”的名字和标签，用来纪念创始人（在弗兰芒语中，“Duvel”就是恶魔的意思）和显示这种啤酒的欺骗性：它就像一位天真单纯的金发女郎。你在喝下它时毫无特别的感觉，随后却会有力道十足的酒劲。神奇的是，只有当你喝完它后才能意识到这点。

酿 造

比利时浓艾尔酒酿制时使用的是比利时酵母，这一类的酵母能够在酒精环境下产生丰富的酯类、杂醇和辛辣味道；使用酿制皮尔森啤酒时用的麦芽来实现金黄的颜色；使用糖来提高酒精浓度，但这并不会使酒液变得过于浓稠；还会使用优良品种的啤酒花来产生怡人的芳香。

特 征

比利时浓艾尔酒拥有美丽的金黄色，并且能产生丰富的泡沫。这些泡沫色泽雪白，持续时间长，常会附着在酒杯壁上。

高度的碳酸化作用使得该啤酒丰富的气味能够溢出酒杯：果香味的（苹果味、桃子味及橘子味）、辛辣味的（胡椒味）及啤酒花的植物香气。将啤酒喝入嘴中，果味、辛辣味同淡淡的麦芽糖味道与苦涩味道和谐地融合在了一起。啤酒的苦涩同丰富的泡沫和稀薄的酒液一道产生了一种干涩的口感。

比利时浓艾尔酒这种风格既复杂又精细，真的具有一种魔性般的吸引力！

酒精含量：7.5%—10%
搭 配：烤红肉。

弗兰德红色艾尔酒

制法：顶部发酵（在木桶中熟化）
类别：酸啤酒
风格：弗兰德红色艾尔酒
原产地：比利时

弗兰德红色艾尔酒（Flemish Red Ale）产自西弗兰德，有着悠久的历史。这种啤酒有着迷人的色泽和独特别致的胜于兰比克啤酒的酸度，它会让你不禁想起葡萄酒的味道。

酿 造

在经过了一般的发酵过程之后，弗兰德红色艾尔酒会被置于巨大的橡木桶中进行长达两年的成熟阶段，就是在这一阶段，该啤酒通过酒香酵母、醋酸杆菌和乳酸菌的自然作用形成了其独特的酸味（这一过程同兰比克啤酒不同，在弗兰德红酒的酿制过程中没有自然发酵这一环节）。将经过成熟阶段的啤酒跟还未成熟的啤酒融合在一起以平衡酸度，可使味道更加柔和、丰富。

特 征

弗兰德红色艾尔酒有着深深的波尔多葡萄酒的颜色，接近于栗色，这种颜色会让你联想起勃艮第葡萄酒。这种啤酒能产生中等量的泡沫，色泽接近于象牙白，有较长的持续时间。啤酒的香味同味道完美地结合在一起：包含了黑樱桃、红浆果和梅子的丰富果味。啤酒中还会有淡淡的麦芽味，会让你想到巧克力和香草。如果没有麦芽甜甜的焦糖味的中和，那么啤酒的味道就会过酸。

弗兰德红色艾尔酒独特迷人，品尝前需要在心里先鉴赏一番。即使对于那些不喜欢它烈性味道的人来说，他们也会爱上它的清香气息和迷人的外表。

酒精含量：4.6%—6.5%
搭 配：可以作为开胃酒，并配以樱桃蛋糕。

弗兰德斯布朗酒

制法：顶部发酵（混合）

类别：酸艾尔酒

风格：弗兰德斯布朗酒

发源地：比利时

"老布朗"啤酒同弗兰德斯红麦酒十分类似，却是东弗兰德斯啤酒的典型。该啤酒颜色更深，在人们还无法很好地控制烤制麦芽过程的时候，这种啤酒颜色非常普遍。直接在火上煮沸麦芽汁，使里面的糖分转化为焦糖，这样一来，同它的远房"表哥"弗兰德斯红麦酒相比，其酸度较低，因为有了麦芽的甜味对酸味进行了中和，弗兰德斯布朗酒（Flanders Brown）实际上是一款甜酸中和的啤酒。

酿 造

该啤酒的成熟阶段也需要很长时间。它的成熟阶段并不发生在橡木桶中，而是在不锈钢的大桶内进行，室内常温即可。它通过添加乳酸菌，或酸化了的麦芽汁，或具有高碳酸盐和镁含量的水来进行酸化，从而进一步促进了其独有的味道。

特 征

弗兰德斯布朗啤酒有着栗子般的颜色，并伴有微红色的反光。其浓烈的味道像是各种麦芽香的集合（焦糖味、太妃糖味、巧克力味），也像是各种熟透了的水果的味道（黑樱桃、西梅、无花果、枣及葡萄干），同时还伴有微妙的酸味（要弱于弗兰德斯红麦酒）。

弗兰德斯布朗酒味道更为直接且简单明了，喝起来更爽，但我们需要抱着一种尝试新事物的开放的心态去看待、品尝它。

酒精含量： 5%—8%

搭 配： 野味、鹿肉。

双料啤酒和三料啤酒

制法：顶部发酵
类别：比利时烈性艾尔酒
风格：双料啤酒和三料啤酒
发源地：比利时

双料啤酒和三料啤酒经常是与神奇的双重发酵和三重发酵联系在一起的，而不是两倍麦芽和三倍麦芽，这两种啤酒由西麦尔特普拉斯修道院生产。特普拉斯修道院生产三种啤酒：第一种酒精含量不高，主要供修道院内的僧侣饮用；第二种酒精含量稍高，由烤麦芽制成；第三种酒精含量最高。这些在啤酒成熟阶段时用的酒桶上分别标有一个或两个或三个“X”，因此才有了特级啤酒、双料啤酒和三料啤酒这样的名字（双料啤酒的历史要追溯到中世纪时期，这种啤酒在19世纪后半叶由特普拉斯修道院复兴；三料啤酒则是在1950年左右被引进）。

酿造

双料啤酒和三料啤酒的制作原料有水、不同种类的大麦芽（生产双料啤酒时，所使用的各类谷物还要进行烤制和焦糖化，三料啤酒使用的是基本型和芳香型麦芽）、大陆啤酒花、冰糖或白糖，以及最重要的顶部发酵酵母。根据比利时的酿酒传统，所有原料都会在瓶中进行激烈的再次发酵。

特征

双料啤酒的酒精含量在6%—7.5%之间，颜色从琥珀色到深铜色不等，有着奶油般持久的泡沫。麦芽和酵母的结合使得该啤酒有了水果般和太妃糖般的柔和味道。双料啤酒不稠也不稀，温度适中，因此是一款品质绝佳的啤酒。三料啤酒的酒精含量在7.5%—9.5%之间，有着灿烂的金色，液体清澈透明，泡沫持久丰富。该啤酒闻起来有种辛辣味、果味（柑橘味、杏子味或杏子酱味，有时候也会有香蕉的味道）和一丝啤酒花植物芳香的混合味道。这两种啤酒很好地体现了麦芽和酵母的协同作用。

双料啤酒和三料啤酒都属于口感较干的啤酒，因此很容易喝多。但这两种啤酒的酒精浓度高，喝时需谨慎。

搭配：与奶酪是绝佳搭配，也适合弗拉芒啤酒炖烤肉和炖野味。

兰比克啤酒

制法：自然发酵
类别：兰比克啤酒
风格：兰比克型
发源地：比利时，帕约特兰德地区

兰比克啤酒的发源地位于塞纳河沿岸。该区域有着大量的野生酵母，尤其是酒香酵母属。这就意味着酿酒者们在今天并不需要有意加入酵母，只需将其放置一边，自有大量的野生酵母对其进行发酵。鉴于这一地区啤酒的特点，传统一点的酿酒者仅会在冬季酿制啤酒——大概是从 10 月到次年 3 月末。

酿 造

除水以外，兰比克啤酒的原料还包括经发芽的大麦、发芽程度达到 40% 的小麦以及较老的啤酒花，这样的啤酒花已经失去了原有的苦涩味道和芬芳香味。该啤酒的冷却过程需要持续一整个晚上，是在一个敞开着的大缸里进行，这样的酒缸很宽，但不深。之后麦芽汁就要被转移到桶内，在那里进行发酵和熟化，这两个环节所需时间很长，短则 1 年，长则 4 年。

特 征

兰比克啤酒呈淡黄色，伴有一丝乳白色。这种啤酒通常有少量泡沫，它的香味像柑橘类的水果，也有类似于意大利蒜味腊肠皮、使用过的扑克牌、皮革及马鞍的味道。传统的兰比克啤酒也会有苹果和蜂蜜的味道。

该啤酒因其低稠度的液体和适度的酸味而很容易入口。兰比克啤酒的味道很复杂，并不是所有人都能喜欢上它的味道。但一旦你习惯了它，你就会发现兰比克啤酒的无限魅力！

酒精含量：5%—6%
搭 配：质量上乘的意大利蒜味香肠。

也有一些种类的兰比克啤酒在酿制过程中会使用到大量的水果，水果占到所用原料的 30%，这些水果包括樱桃、树莓、葡萄、桃子和黑醋栗（如右图所示）。这些种类的兰比克啤酒在瓶中进行发酵，是不同种水果兰比克啤酒的混合，一些种类年代久远，另一些则是比较新的种类，混合的过程同贵兹啤酒的酿制类似。兰比克啤酒也包括贵兹这一品种（如左图所示）。贵兹啤酒在瓶内进行发酵，由一种刚酿制完成的兰比克啤酒同其他储存时间达 2—3 年的兰比克啤酒混合而成。

英格兰

英格兰酿酒传统最为悠久也最为重要，而且还通过大量的历史遗迹记录了下来。当我们谈到英格兰的啤酒时，就不得不提到一个词——艾尔酒。这个词来源于古英语词“ealu”，在今天通常是指所有通过顶部发酵酿制而成的啤酒。“ealu”早在 8 世纪盎格鲁 - 撒克逊人的著名史诗《贝奥武夫》中就已出现，意思是指由谷类制作而成的饮品。

在中世纪亨利八世统治时期，他关闭了英格兰的修道院，摆脱了天主教教会的控制，从而剥夺了修道院酿制啤酒的权利，使英格兰的啤酒酿制业发生了巨大的变化。自那以后，传统的修道院啤酒只继续留存于欧洲大陆。在英格兰，只有普通的底层百姓（大部分是女人）经营着发酵大麦的买卖，其中包括家庭式的经营模式。比起简单、高效、科学的生产技术，英格兰更看重原材料。

英格兰的酿酒者总会在水这一原料上做文章，以酿得质量更好的啤酒。英格兰酿酒者们曾经发现，在使用同样的酿制配方情况下，伯顿特伦特（Burton-on-Trent）生产的伦敦啤酒（如今仍以苦啤酒著名）味道会更好。这些酿酒者们尝试着去寻找其中的原因，最后他们发现，原因在于伯顿特伦特地区的水源优质，成分独特，富含石膏成分。伦敦的酿酒者们因此开始往伦敦地区的水源里添加这种碱盐成分，使由该水源酿制而成的啤酒尽可能地具有同伯顿特伦特地区的啤酒相类似的味道。这一尝试最终获得了成功。今天，这一优化水源成分的方法在全世界范围内使用，人们都将这一方法称为“伯顿化”（Burtonization）。

这也就解释了为什么伦敦酿酒者们会如此谨慎地保护这一酿制方法：很多人将这种方法用暗号写下来，而这种暗号只有酿酒圈内人士才读得懂。

英格兰人引进了新的大麦品种，对大麦的种植培育进行了深入研究，为一些啤酒的酿制选择专门的品种。他们还研究了麦粒发芽的过程，比如玛丽斯·奥特（Maris Otter）和黄金承诺（Golden Promise），这两种发芽过程是以两种经特别筛选的大麦品种名字命名的。很多人并不认为它们有什么特别之处，由这两种大麦发芽而出的麦芽都属于浅色麦芽。

虽然啤酒花在公元1500年以后才被使用到啤酒酿制中，但在英格兰，啤酒花也有着其独特的传统。古老的啤酒花花种，如法格（Fuggle）、金牌香型酒花（Golding）等，在英格兰酿酒业的历史上留下了重要的一笔，为杂交出新的品种奠定了基础。

如今，我们对啤酒花及其各个品种之间的杂交都非常了解，但在过去，情况却大不一样。位于肯特的瓦伊学院（Wye College）是伦敦大学农业系下的一个研究所，2009年以前它一直属于帝国学院，该学院曾在啤酒花的研究上做出了开创性的贡献。瓦伊学院为世界上每一种啤酒花新品种（无论生长在美国还是新西兰）的研究奠定了基础。

大多数的英格兰啤酒都是严格意义上的顶部发酵啤酒。这些啤酒都特别适合在公共酒吧里从酒桶中一加仑一加仑地往外倒着喝。生性严肃沉默的英格兰人常会拜访各个有名的酒吧，在一品脱又一品脱的啤酒下肚后，他们会渐渐地改变冷漠的面孔，开始与别人热情地交谈。在今天的酒吧里，当地人仍然会畅饮着有着地窖温度的苦啤、波特啤酒、淡味艾尔酒及棕色艾尔酒。这些啤酒通过泵取出（不是靠注入二氧化碳气体来将啤酒压入玻璃杯的）。人们在喝啤酒时还常配上传统小菜或小点心。酒吧是喝酒和体验热闹气氛的最佳场所，但并不是享用美食的最佳选择。

传统的盎格鲁－撒克逊啤酒之所以能够流传至今，最大的功劳得归功于正宗啤酒运动的志愿者们。这一运动一直在为英格兰啤酒的留存做斗争。志愿者们坚持要让酒吧成为“自由的场所”，也就是要独立于酿酒厂，因为只有这样，酒吧才能自由地选择并提供老顾客们钟爱的啤酒。

英格兰大麦酒

制法：顶部发酵
类别：烈性艾尔酒
发源地：英格兰

英格兰大麦酒（English Barley Wine）是英格兰艾尔酒当中酒精浓度最高、液体稠度最高的一类啤酒，其原料丰富，麦芽和啤酒花的使用量较大，这种啤酒能够保存数年，成熟阶段长达几年时间。因此，啤酒生产者们已习惯于在酒瓶上标明啤酒的生产年份和销售的建议日期，这一做法在一些国家已成为一种法律规定，从而具有了真正的象征性意义。所以当你看到酒瓶的标签上写着“在世界末日之前将其售出”这样的文字时也不要惊讶哦！

“大麦啤酒”这个名字于近代出现，时间要追溯到19世纪末或20世纪初。在那个时期，“大麦啤酒”并不是用来指代一类风格，只是用来简单地称呼酒吧里酒性最烈的啤酒。第一个使用该名字的酿酒厂是巴斯酿酒厂，该酒厂生产的啤酒名叫烈性艾尔一号。烈性啤酒的传统可以追溯到遥远的古代，它由旧时的三月啤酒发展而来，在生产季的末期进行酿造。

特 征

这些艾尔酒在酿制过程中会使用大量不同种类的麦芽，会用到例如名为“目标”（Target）的这一类英格兰啤酒花，以及具有较强的抗酒精能力的酵母。在经历了漫长的发酵过程之后，这些啤酒需要一段较长时间的“休眠期”，有时就像过去那样存放于木桶内。它们并未经过高程度的碳化，因此产生的泡沫不多。这些啤酒有着浓郁的芳香，味道类似乙醛、蜂蜜、水果（尤其是干果）、焦糖、太妃糖及糖蜜。在酿制初步阶段，我们仍能看到遗留在啤酒里面的啤酒花，但由于时间的流逝，啤酒花的芳香早已褪去，微氧化作用产生了葡萄酒的酒香，类似于波特酒和雪莉酒。该类啤酒有着浓稠到几乎可以咀嚼的液体，复杂呛人的麦芽甜味、干果的味道及啤酒花的苦涩和辛辣味。喝完之后，还会留下持久的酒劲。其高浓度的酒精含量并不会使你的胸腔难受，而是会给你带来温暖的感觉。

英格兰大麦酒同一般的苦啤酒恰恰相反：当你坐在火堆前，静静地阅读着一本书，一杯大麦啤酒能够陪伴你度过一整个冬日的夜晚。

酒精含量：8%—13%
搭 配：作为一款典型的冥想型啤酒，可以在没有食物的情况下小口啜饮。配上蓝奶酪或辛辣食物味道会更佳。

英式印度浅色艾尔酒

制法：顶部发酵
类别：印度浅色艾尔酒
风格：英式印度浅色艾尔酒
发源地：英格兰

英式印度浅色艾尔酒（English IPA）是一种传统风格的啤酒，有着较重的啤酒花苦味。由于越来越多新引进的现代芳香型的啤酒花所带来的创新，该啤酒正在各个国家经历着复兴（虽然在发源国家复兴程度并没有其他国家那么高）。虽然这种啤酒并不适合每一个人，但还是受到啤酒爱好者和许多酿酒者的追捧。

最初的印度浅色艾尔酒（IPA）在18世纪末是一种烈性的三月啤酒，这种啤酒因被运往印度而得名。该啤酒富含酒精和啤酒花原料，这使得它在经过了长时间的海上运输之后仍能保持新鲜。19世纪，许多英格兰酿酒者因税费的提高失去了俄国市场，这使得他们将重点转移到了拓展印度市场上，将更多的啤酒出口到印度。其中既包括原本就已出口到那里的啤酒，也包括一些新的味道更淡、颜色更浅的啤酒。伯顿特伦特的浅色麦芽酒经过精心的稀释，酒精度稍微高了些，啤酒花用量也更大，是最为成功的一款麦芽酒，从此成为印度浅色艾尔酒这一风格的标准。很快，该啤酒在英格兰也获得了较高知名度。

特 征

如今的印度浅色艾尔酒颜色要比过去的更浅，在金色和琥珀色之间。该啤酒会产生出精致、持久的泡沫。在酿制过程中，啤酒花是一种非常基础的原料，在成熟阶段还会运用啤酒花干燥技术以达到控制香味（花香、辛辣香、草本香、树脂香）和味道的目的。但是必须确保在喝完该啤酒时嘴中不会留有刺激性的苦味，啤酒中的麦芽成分和酒液本身必须要在味道上达成一种平衡。

这些体现了酿酒者良苦用心的啤酒，具有鲜活的特性。啤酒花是其味道的主基调，该味道的新鲜与浓郁将给你带来如梦如幻的惊喜之感。

酒精含量： 5%—7.5%

搭 配： 一切辛辣的食物都是绝好的搭配。

普通苦啤酒

制法：顶部发酵
类别：英格兰浅色艾尔酒
风格：普通苦啤（或简单苦啤）
起源地：英格兰（伦敦）

苦啤，顾名思义，就是味道很苦的啤酒。但实际上在今天的啤酒世界里，苦啤在苦涩味道这一点上早已让位于其他味道更具挑战性的啤酒，如印度浅色艾尔酒。从英格兰啤酒酿造的历史上来看，苦啤这一词是在 19 世纪引进的，当时用来强调这一类啤酒拥有最浓的啤酒花苦味，这种苦味胜于当时市面上流通的任何一类啤酒，比如波特酒和麦尔德啤酒 (Milds)。苦啤另外一点明显不同之处在于其颜色：在过去的几个世纪里，由于啤酒酿制所使用的都是棕色麦芽，而且这些麦芽都在柴火上进行过烘烤，因而这些啤酒都呈棕色，而苦啤的颜色则淡一些，呈琥珀色。苦啤也被称为浅色艾尔酒，其在酿制过程中会依靠现代技术对麦芽进行更为细致的干燥过程。苦啤酒和浅色艾尔酒这两个称呼会被任意使用：有时瓶装的就被称为浅色艾尔酒，从木桶中直接倒出的则被称为苦啤酒！结果人们常被这两个名字搞得晕头转向，但这也没什么好担心的。

传统苦啤酒根据酒精浓度和啤酒的内部构成可分为以下几类：至尊苦啤（Best Bitter）、特别苦啤（Special Bitter）、特级苦啤（Extra Special Bitter）、烈性苦啤（Strong Bitter）。但最重要的是，我们要意识到在今天对于苦啤的阐释已经有了新的变化，这些新的阐释来自一个个小规模的独立酿酒者，与经典的正宗啤酒风格相比，他们更为强调这种风格啤酒的自身特点。

特 征

普通苦啤（Ordinary Bitter）是苦啤家族中味道最淡、制作最简单的一类：这类苦啤都经顶部发酵制成，通常呈或浓或淡的金色或琥珀色，有着怡人的柔和芳香。普通苦啤还有着明显的麦芽和焦糖味，清新的啤酒花气息（包括花香、树脂香及辛辣香），以及来自酵母脂的果味。普通苦啤液体轻薄，余味苦味较轻，因而并未令人望而却步。作为一种真正的“期限啤酒”，苦啤应该趁早饮用，储存时要放置于地窖温度下。在酒吧里，该类啤酒在上桌招待客人时应通过水泵或水龙头从桶中压出。

酒精含量：3%—3.5%

搭 配：好友，一个好酒吧，土豆烤鸡肉，或是再来一品脱的苦啤。

棕色波特啤酒

制法：顶部发酵
类别：波特啤酒
风格：棕色波特啤酒
起源地：英格兰

这种深色艾尔酒源自18世纪伦敦的老式棕色艾尔酒。该啤酒的巨大成功使其在刚推出没多久就出现在了各种神话传说当中。据说在那个时期，贫穷的工人们常会到酒吧点上一品脱三种酒：三分之一品脱的便宜淡啤酒，三分之一品脱较贵、味道更浓的啤酒，最后三分之一品脱是最有名气的淡色啤酒，这种啤酒价格昂贵，工人们买不起整整一品脱。但是这一普遍的做法对于酒吧老板而言却是一场噩梦，酒吧老板渐渐不再以这种方式销售啤酒，开始模仿起了他的顾客。酒吧老板想到了一个办法，他将这三种啤酒事先混合到了一起，由此形成的混合啤酒最终被叫作波特啤酒（Porter），因为此类酒尤为受港口和小镇上的搬运工（搬运工英文为“Porter”，译者注）及其他劳动者的喜爱。

这个小故事听起来很美好，事实却完全不是这样。首先，波特啤酒是第一种工业化生产的啤酒，成本低，大规模生产，即售即喝。不像其他啤酒在出售前还需要在酒吧地窖内经历发酵阶段。另外一个有趣的事是，作为最成功的啤酒类型，波特啤酒将这一地位保持了近3个世纪，但之后市场销量突然大幅下降，失去了原有的受欢迎程度，最后被具有更高烈性的烈性黑啤酒所替代。

波特啤酒有着或深或浅的暗棕色，液体会呈现出暗红色的反光，拥有奶油般较为持久的泡沫。波特啤酒最主要的味道特征来自于烤麦芽，该味道悠然芳醇，而不是一种烤糊的味道。同时它还会有或多或少焦糖、咖啡和巧克力的味道特点。美式波特啤酒具有的啤酒花的苦涩味道和气味比英式波特啤酒更为明显。其适中的液体稠度和稀释度使该啤酒非常容易入口。

棕色波特啤酒（Brown Porter）就像是波特啤酒中的灰姑娘，比起罗巴斯特（Robust）波特酒和巴尔提克（Baltic）波特酒（也称帝国波特酒），棕色波特酒味道更淡、更清新，也更易入口。

酒精含量：4%—5.4%
搭　配：焖牛肉和红烩牛肉。

淡啤酒

制法：顶部发酵
类别：英格兰棕色艾尔酒
风格：淡啤酒
起源地：英格兰

过去，“Mild”（淡的、温和的）这个词是用来指称新鲜出售的啤酒，这些啤酒刚酿制完成，没有像老式艾尔啤酒那样经历长时间的成熟阶段。第一次世界大战之后，这个词被用来界定那些味道稍淡的啤酒。这些啤酒因其价格低廉，在艰苦时期成为人们的第一选择。“二战”之后，淡啤酒在英格兰的受欢迎程度开始下降，味道更淡、口感更为干涩的浅色麦芽酒后来居上。

如今，这种风格的啤酒对人们已不再具有吸引力，除了啤酒的狂热爱好者们，其他人对这类啤酒的需求已是非常之少了。几年前，英格兰的正宗啤酒运动协会开展了一次运动，该运动被象征性地命名为“拯救淡啤酒”，将每年的 5 月定为“淡啤酒月”（Mild Month May）。在这个月里，该协会所有的当地组织都会试图去说服当地酒吧至少将一类淡啤酒纳入他们的啤酒供应单，并且还会组织旨在宣传推广淡啤酒的特别品尝活动。这清楚地表明了如今在啤酒花啤酒占据市场主导地位的情况下，淡啤酒所面临的艰难困境。

特 征

淡啤酒既有接近于黑色的深棕色，也有琥珀色，有的颜色介于二者之间。这一类啤酒的特征各式各样：一些是深色的艾尔酒，有着烘烤和焦糖的味道；另一些色泽更淡，醒脑解渴，易于同食物搭配。

这一类啤酒的酒精含量低，液体稠度适中，麦芽的甜味是主要的基调，但在饮用时还会闻到一丝啤酒花的气息。这类啤酒的二乙酰浓度也较低。

瓶装淡啤酒并不是最佳的供应方式，应该通过泵从酒桶中压出，直接上到客人的桌上。

酒精含量： 4.3% 以下

搭 配： 白色奶油芝士或羊奶酪，它们微微的酸味可以平衡淡啤酒的甜味。

俄罗斯皇家烈性黑啤酒

制法：顶部发酵

类别：烈性黑啤

风格：俄罗斯皇家烈性黑啤酒

起源地：英格兰

俄罗斯皇家烈性黑啤酒（Russian Imperial Stout）是其所属的类别中劲道最足的啤酒。其名字反映出该啤酒在19世纪的沙皇俄国的受欢迎程度，在当时很长一段时间里，除了波罗的海国家，俄国是该类啤酒的最主要出口市场。

酿制该啤酒所使用的原料都是大剂量的，这造就了该啤酒构成的复杂性。该烈性啤酒颜色非常深，由于使用了各种深色烤麦芽，其呈现的是一种不透明的黑色。俄罗斯皇家烈性啤酒有着强烈的啤酒花花香，喝完时会留下苦涩的余味，这种苦味来自啤酒花和深色麦芽。

特 征

这类啤酒有着很浓的芳香。酵母通过其发酵作用产生了各种水果酯类，包括熟梅子、葡萄干及其他种类的坚果和干果。此类烈性黑啤酒精浓度高，味道浓郁醇厚，液体构成复杂。俄罗斯皇家烈性黑啤酒就像是大麦酒的姊妹一样，只不过颜色更深，这两种啤酒都能够在口中留下弥久不散的醇香。如今美国生产的这类啤酒，味道口感更加丰富。

在品尝俄罗斯皇家烈性黑啤酒之前需要稍微留心一下，得事先体验一下，但如果你追求刺激，那么就不要犹豫了！冒险之中往往藏着无限的快乐。

酒精含量：8%—12%

搭 配：巧克力布丁或咖啡。

爱尔兰

爱尔兰有着伟大、悠久的酿酒传统，绝不亚于盎格鲁－撒克逊人的国家。说到爱尔兰，就不可避免地会提到那满满一品脱的黑啤，它那厚实紧密的泡沫及画于酒瓶顶部的苜蓿叶。烈性黑啤源于伦敦，阿瑟·吉尼斯（Arthur Guinness）和他的酿酒厂将该啤酒带向了全世界。今天，当我们谈到都柏林或者詹姆斯·乔伊斯(James Joyce)时，我们会联想到吉尼斯公司在其所有商品上标有的金色竖琴图案。吉尼斯公司成立于1759年，之后该公司为酿酒界做出了不少创新型贡献。比如通过运用氧氮混合气体将啤酒“压入”玻璃杯中，这样既没有因此使啤酒内具有过量的气体，同时又让啤酒获得了标志性的奶油般的泡沫。罐装和瓶装啤酒都有这样的设备来制造出同样的效果，品尝着通过这种方式倒出的啤酒，你就会感觉自己像是在酒吧里一样。

英国总孕育着一系列的变革，不论是对啤酒原风格的改变，还是新酒吧、新酿酒厂不断出现。爱尔兰则完全不同，它始终保持着几个世纪以来的传统。虽然爱尔兰也遭受了经济危机的打击，但国内消费并未因此出现下滑，而且很有可能的是在经济危机过去之后，爱尔兰的酿酒厂反而会迎来进一步的发展壮大，会进行新一轮的创新。

如今，你既可以在恬静的乡村中找到传统的酒吧，也可以在繁华的大城市中找到一间小酒馆。在那里，你可以一边品尝爱尔兰红色艾尔酒，一边阅读詹姆斯·乔伊斯的《都柏林人》，脑海里想象着过去都柏林的样貌，或是一边观看电视里播放的橄榄球比赛，为爱尔兰国家队的胜利而欢呼。

爱尔兰红色艾尔酒

制法：顶部发酵

类别：爱尔兰和苏格兰艾尔酒

风格：爱尔兰红色艾尔酒

爱尔兰红色艾尔酒（Irish Red Ale）代表了爱尔兰啤酒酿造的精髓，这与爱尔兰岛独有的艰苦条件分不开。这种啤酒酒精保持的时间要比伦敦及其他周围国家的啤酒都要长。比起啤酒花，麦芽这一原料在该啤酒特点的形成上发挥着更大的作用。

酿 造

爱尔兰红色艾尔酒在酿制过程中会用到大量的麦芽，这些麦芽可能来自当地，也可能来自英格兰。所用的麦芽有的要熬成焦糖，有的需要经过烘烤。所用到的酵母并没有很特别，但在啤酒中能够用肉眼看到其中一小部分，有点像黄油，其实是二乙酰，其少量地存在于啤酒当中是没有太大问题的。同酵母一样，英格兰啤酒花在酿制中也用得很少，喝啤酒时几乎感觉不出来。对于啤酒的苦涩味道，爱尔兰红色艾尔酒的酿酒者们更倾向于使用烤制过的麦芽。底部发酵技术也会在该啤酒的酿制过程中使用。

特 征

爱尔兰红色艾尔酒呈琥珀色，有着金属铜一般的光泽及雪白的泡沫。该啤酒闻起来有着焦糖和太妃奶糖的味道，有时也会有烘烤味。啤酒中麦芽的特点完全盖住了酵母和啤酒花，啤酒的液体稠度和碳酸化程度适中。该啤酒有着迷人的味道：甜甜的焦糖味加上来自麦芽的苦味，时常还会伴有烘烤味，这种味道在喝完之后因干燥感而会变得更加显著。在品尝过程中，你还会感觉到啤酒中有着怡人的烤黄油的味道（这种味道是由酵母产生的）。

这类啤酒，尤其是其中酒精度不高的，适合人们在一天当中的任何时候饮用。

酒精含量：4%—6%

搭 配：根据爱尔兰传统，这类啤酒同肉类美食是绝佳搭配。

干性黑啤酒

制法：顶部发酵
类别：黑啤酒
风格：干性黑啤酒
起源地：英格兰 / 爱尔兰

干性黑啤酒（Dry Stout）产生于波特酒大获成功之后，起初只是用于给伦敦酒吧的老顾客们解解渴罢了。这一啤酒是波特啤酒酒精浓度更高的版本，最开始被叫作波特黑啤。如今该啤酒酒精含量有所降低，其所获得的盛名得归功于阿瑟 · 吉尼斯、比米什及墨菲这三位人物所创立的爱尔兰酿酒厂。但实际上，现在柏林及其周围国家人们所喝的干性黑啤酒在世界其他地方面临着惨淡的境地，在伦敦，这种啤酒几乎已被人们所遗忘。

很难找到瓶装的干性黑啤，这种啤酒通常都是桶装的，因为由这一方式倒出的干性黑啤味道最佳。

酿 造

酿造干性黑啤所用的大麦并未经过发芽，但经过了烤制环节，造就了该啤酒最普遍的颜色和干度。有时未经发芽的雪花状大麦也会用于让最终产出的啤酒变得更加细腻。用剩下的碎麦芽包括浅色麦芽。英格兰啤酒花是该啤酒苦味的主要来源。酿制中使用的水需是软水，酵母的稀释对于制造啤酒的干燥口感至关重要。

特 征

这类黑啤酒颜色较深，透明度低，有时甚至是不透明的。该啤酒有着丰富持久的泡沫，颜色如同卡布奇诺。干性黑啤有着各类大麦的味道，如巧克力味、咖啡豆味、角豆味，有时也会有水果味，这种水果酯是由酵母产生的。干性黑啤的液体稠度和碳酸化程度都适中，有时会有一丝酸味，这为啤酒在嘴中留下的干燥感和苦涩感起到了很好的平衡作用，最后留下了融化的巧克力及咖啡的醇厚味道。

酒精浓度：4%—5%
搭 配：虽然该啤酒酒精度不高，但仍适合同油腻类食物、腌制食物、烤肉、烟熏乳酪、酥皮糕点及咖啡味点心搭配。

苏格兰

苏格兰的威士忌很有名，这一名气出于它那具有泥炭味道的艾莱岛风格，而不是它的酿酒传统。在苏格兰，威士忌就是一种由酿酒厂精心挑选酵母酿制而成的啤酒，是谷物发酵的蒸馏产物。所以说，如果没了啤酒，就不能制作出威士忌，因此苏格兰人没有道理不喜欢啤酒。

苏格兰人以节俭著称，他们并没有给不同的啤酒风格取特定的名字，仅仅根据啤酒的价格来区分：是 60 先令啤酒，还是 70、80 或 90 先令啤酒。这种称呼甚至在先令这一单位消失、货币改为十进制之后仍在使用。90 先令啤酒也被称为苏格兰艾尔酒或 Wee Heavy（字面意思为极轻的，译者注），该啤酒有着最高的酒精浓度（高达 10%），人们喝得最多的还是期限啤酒，也叫作 60 先令和 70 先令啤酒（酒精浓度在 2.5%—3.9% 之间）。

同样也是因为经济原因，苏格兰的啤酒是由其所使用的麦芽来区分的，而不是啤酒花，因为麦芽由当地生产，而啤酒花需要从英格兰进口。因此，苏格兰的啤酒有着浓重的麦芽味，液体稠度大，在颜色上也要比英格兰啤酒深很多。

苏格兰的酿酒业正在经历一场复兴，该复兴由酿酒忠犬公司（BrewDog）所引领，该公司不落窠臼，是杰出的酿酒企业。该公司重新定义了传统意义上的啤酒，发明了新的品种，有的是受盎格鲁 - 撒克逊风格的启发，也有的是完全新创造的。其用于宣传、吸引消费者眼球的营销手段也因其骇人的形式受到了质疑（该公司推出的“历史的终结”这一款啤酒酒精浓度高达 55%，由外面裹着完整松树皮的酒瓶灌装）。但不可否认的是，这一方式带来了轰动的媒体效应。在该公司的影响下，整个苏格兰正在快速地重新书写它的酿酒历史。

苏格兰浓艾尔酒

制法：顶部发酵

类别：爱尔兰、苏格兰艾尔酒

风格：苏格兰浓艾尔酒或 Wee Heavy

起源地：苏格兰

苏格兰艾尔酒是最典型、最传统的苏格兰啤酒。由于从不列颠群岛南端地区进口啤酒花的困难和高成本，苏格兰艾尔酒酿造时多用当地原料。苏格兰艾尔酒使用的是当地出产的大麦麦芽，这类啤酒在格拉斯哥、爱丁堡及偏远村庄的大多数酒吧里都能够找到。苏格兰艾尔酒可以根据酒精浓度分成 4 类，在今天也仍然是根据其最开始的价格来命名，被叫作 60 先令啤酒、70 先令啤酒及 80 先令啤酒（也被普遍称为苏格兰淡啤、苏格兰浓啤及出口啤酒），它们的酒精浓度在 2.5%—5% 之间。最后一种叫作 90 先令啤酒，也叫苏格兰浓艾尔酒（Strong Scotch Ale）或 Wee Heavy, 其酒精浓度最高，价格也最昂贵。

酿 制

除了使用大量的浅色麦芽之外，苏格兰浓艾尔酒使用的谷物还包括烤制水晶麦芽（Crystal Malts），使用这类麦芽主要是看中了它的颜色而非甜度。水晶麦芽的甜味通常是在淀粉糖化过程中经焦糖化产生。在酿制过程中，酿酒者们还经常使用经不同木材或泥炭熏制过的少量麦芽。而出于之前论述过的原因，啤酒花在这种啤酒的酿制中很少会用到。

特 征

苏格兰浓艾尔酒的颜色从琥珀色到卡布奇诺色，深浅不一。卡布奇诺色的啤酒主要由修道院酿制，有着丰富的泡沫。我们的嗅觉能够感受到苏格兰浓艾尔酒的酯类和酒精气味，有时我们也会闻到焦糖的味道和土壤的气息，有时还会有烟熏味和泥炭味。

苏格兰浓艾尔酒还散发着西梅、葡萄干和干果的味道。其液体稠度有稀有稠，有些甚至具有黏度，但所有浓麦酒的碳酸化程度都适中，因而形成了较好的平衡。除了甜味之外，苏格兰浓艾尔酒在口中还会留下干爽、烧灼的口感。

酒精浓度： 6.5%—10%

搭 配： 肉类食物，比如羔羊肉；如果是泥炭风格的麦酒，则可配以精致调味的蓝奶酪。

德 国

德国拥有古老的酿酒传统，但利用其工业化酿酒坊的酿造技术，德国同样也为世界制造出了现代的淡窖藏啤酒。尽管德国一直受制于巴伐利亚《啤酒纯净法》，且直到 20 世纪末期该法案才失效，这个国家却酿造了各种各样的啤酒，制造了不少法案之下的特例。该地区啤酒种类如此多样，是因为这里小公国林立，每个公国都有自己的规则和传统，因此每个地区每个城镇都在悠久的历史中建立了自身独特的啤酒知识宝库。

在巴伐利亚，我们可以看到传说中的小麦啤酒，被称作 Weissbier（白啤酒）或 Weizenbier（小麦啤酒）。这种啤酒所用的酵母酚和小麦芽使它与众不同。此外还有颜色清亮的淡啤酒，可以称得上是一种简朴风格的杰作，甚至比慕尼黑一年一度（如遇战争或者灾难则不举行）的啤酒节上人们肆意饮用的游行啤酒还要出色。啤酒节现场是一座巨大的游乐场，搭建了很多高大建筑，里面遍布慕尼黑城各个酿酒坊，吸引着数以百万计的游客前来品尝，其中外国游客不计其数。

在巴伐利亚北部，我们会发现佐伊格啤酒（Zoigl）这一古老传统仍生生不息。这些啤酒由一些家庭酿造，在过去的几个世纪中，他们已得到授权，在小镇的公有酿酒坊生产啤酒。酿造者往往直接在家中出售这种啤酒，有的是将客厅改造成了酒吧，有的则建造了专门的“招待所”（Gasthaus），作为小旅馆或提供食物的酒吧。

除慕尼黑以外，德国还有一些大城市也拥有各自不同的啤酒风格。比如多特蒙德的多特蒙德啤酒 (Dortmunder)，就是一种可与淡啤酒和清啤酒媲美的当地酒。

科隆同样也拥有悠久的酿酒传统，与德国其他地区相比，这一传统甚至可以说是一种逆潮流。其酿造的高纯度发酵的科什啤酒（Kölsch）颜色浅，质地清，酒精浓度不高，也只有科隆城才能生产出这样的啤酒。人们常常就在酿酒坊旁边的小酒吧里直接从酒桶中接来饮用，多亏这种啤酒不易碳化，从而大大便利了它的储存与供应。

离科隆城几英里外就是杜塞尔多夫了，这里的特产啤酒是琥珀色的阿尔特啤酒（Alt），它与科什啤酒同为高纯度发酵啤酒，深受啤酒迷的喜爱。杜塞尔多夫城内的一条主干道旁遍布只供应这种啤酒的传统酒坊。除了现场制作普通的阿尔特啤酒，他们也酿造冬天喝的阿尔特啤酒，这种酒酒精度稍高。这些酿酒坊还供应传统小菜下酒，阿尔特啤酒那种轻焙的风味绝不会让人失望。

距科隆和杜塞尔多夫不远的波恩则盛产邦士啤酒 (Bonsch)。这种啤酒比前两种啤酒逊色不少，它口味平平，也许是有意为之，好与科隆的啤酒区分开来吧。

在柏林和大部分前东德地区，更有利可图的商业化啤酒已对不少传统啤酒造成威胁。柏林白啤酒（Berliner Weiss）流传至今着实不易，多亏许多外国酿酒者的重新调制，如今它才有了复兴的势头。这种微酸的啤酒倒是从不曾在柏林消亡，随时随处都可品尝到，但饮用时可能需要掺上车叶草或其他水果制成的糖浆，才能冲淡它的酸味。从柏林再往南走就到了莱比锡，最近人们

似乎重新发掘出了哥塞啤酒（Gose），这种非常特别的啤酒是由盐水、小麦和香菜制成的，原产于附近的戈斯拉尔（Goslar）。现在哥塞啤酒举世闻名，世界上许多地方纷纷模仿酿造这种酒。

位于巴伐利亚最北部的弗兰克尼 (Franconia) 大概是啤酒爱好者最为之着迷的地区了。在这里，以酿酒为生的家庭在他们小酒馆后面的外屋里沿用古老的配方酿造啤酒。班贝格是一座从第二次世界大战的空袭中奇迹般幸存的美丽城市，被誉为酿酒之都。城内和周边仍有许多上了年头的酿酒坊，基于传统配方生产当地独特的啤酒。烟熏啤酒也正是诞生于这座城市，这种啤酒不仅在班贝格随处可见，在全世界也备受追捧。酿酒坊附属的小酒馆里，尽管酒馆供应的啤酒不尽相同，但大多数人都是醉醺醺的。根据不同的季节，酒馆会出售复活节啤酒（Fasten）、三月 / 啤酒节啤酒（Märzen）、博克啤酒（Bock）、杜特博克啤酒（Doppelbock）。最不容错过的有凯勒啤酒（Keller Bier，这种啤酒往往不经过滤，在地窖里充分发酵）、兰德啤酒（Land Bier）和安格斯潘德啤酒（Ungespundet，这个名字表示“未经过滤”），这几种都是酿酒坊的杰作，都很简单，却又各有千秋。

如果一座小村庄只有一座酿酒坊，那么喝酒的场所就没得选了。但事实上，即使是有更多酿酒坊的小村庄，各家各户也往往只钟情于一家，一家之主会为自己和后代做出选择。夏天，大酒坊会开放啤酒花园作为露天酒吧，而小酿酒商则将自家的酒卖给独立酒吧，每到傍晚（下午常常也有），本地居民就会来这些酒吧小聚，一边喝啤酒，一边晒太阳。

酿造学、大麦和啤酒花种植、麦芽制作法都是根植于德国的酿造传统，这些传统形成了生产优质啤酒的完整产业链。《啤酒纯净法》导致的守旧性可能确实束缚了酿酒者的想象力，局限了啤酒的风格，但如今也实实在在地发生了改变。除了作为日耳曼传统支柱的经典啤酒花，人们也引进了香气迷人的新型啤酒花，这是新世界源源不断的创新对旧大陆产生的影响之一。同时，一些本地酿酒者也开始尝试制作各式美国啤酒，减少生产毫无新意的啤酒，从而激起年轻一代啤酒爱好者的兴趣。而生长在哈勒陶（最重要的种植区）的新型啤酒花则更适用于本地啤酒而非北美啤酒，对于本地啤酒来说，这可是个不错的兆头。

慕尼黑淡啤酒

制法：底部发酵

类别：拉格淡啤酒

风格：慕尼黑淡啤酒

原产地：德国（慕尼黑）

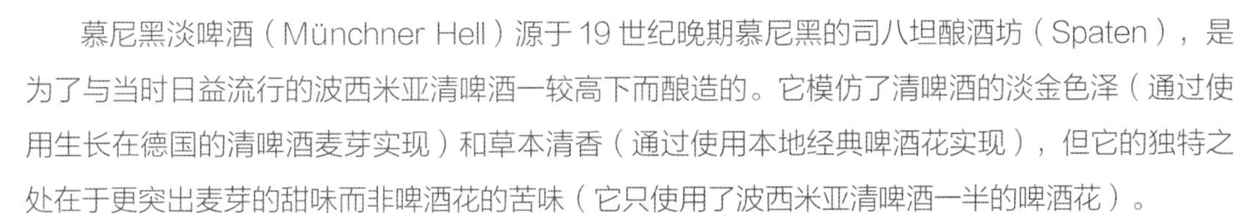

慕尼黑淡啤酒（Münchner Hell）源于19世纪晚期慕尼黑的司八坦酿酒坊（Spaten），是为了与当时日益流行的波西米亚清啤酒一较高下而酿造的。它模仿了清啤酒的淡金色泽（通过使用生长在德国的清啤酒麦芽实现）和草本清香（通过使用本地经典啤酒花实现），但它的独特之处在于更突出麦芽的甜味而非啤酒花的苦味（它只使用了波西米亚清啤酒一半的啤酒花）。

德语“Hell”隐含了“bier”（啤酒）一词，意思是“淡啤酒”。

酿 造

要制作这种简单清透的啤酒，酿造者必须非常注意原材料的品质，还要比酿造其他底部发酵的啤酒更注意低温发酵，低温储藏，以避免形成果味酯。

特 征

这种啤酒酒体中等，口感醇厚圆润，均衡不腻，这归功于酿造时对啤酒花适度而巧妙的运用，配合麦芽天衣无缝。仿若旧情人的召唤，它是令人无法抗拒的经典之作。

酒精含量：4.7%—5.4%

搭 配：它是清爽小菜的最佳搭档，也可匹配咖喱辣肠。

慕尼黑黑啤酒

制法：底部发酵
类别：拉格黑啤酒
风格：慕尼黑黑啤酒
原产地：德国南部

拉格黑啤酒如今远不如它们新潮的“小孙女”——慕尼黑淡啤酒那么盛行，但它们才是啤酒的始祖，早在16世纪就已静静地躺在冰冷的洞穴中了。那个时候，它们所使用的底部发酵酵母很可能是由大自然甄选、在汉森分离的。这种啤酒原产南巴伐利亚地区，自古以来啤酒花含量就偏低，因为该地区距离啤酒花贸易中心很远，也因为这种黑啤一贯是用格鲁特(在啤酒花盛行之前，人们用于增加啤酒风味的一种草本混合物)酿造而成的。

酿 造

传统上，这种啤酒采用100%的慕尼黑麦芽，进行长时间的煎煮以完成焦糖化反应，从而凸显出麦芽的色泽和口感。

特 征

慕尼黑黑啤(Münchner Dunkel)呈现棕色或石榴红色，丰富的泡沫则为奶油色，香味浓郁，这是选用琥珀色慕尼黑麦芽配以焦糖和面包皮的典型效果。这种啤酒酒体往往丰厚却不浓烈，麦芽的甜味和醇厚是最突出的滋味，烤面包和啤酒花的味道并不明显。如果有机会去巴伐利亚，不妨尝试一下未经过滤的黑啤，最好是由小酿酒作坊手工制作的……只需饮一口，保证会有回到过去的感觉！可千万别被黑啤的颜色吓倒了啊！

酒精含量：4.5%—5.6%
搭 配：烤香肠。

三月 / 啤酒节啤酒

制法：底部发酵

类别：欧洲琥珀拉格啤酒

风格：三月 / 啤酒节啤酒

原产地：德国（慕尼黑）

在冰箱发明之前，三月（德语为 Märzen）是可以酿造啤酒的最后一个月，因为之后从春季慢慢过渡到夏季，气温将越来越高。过高的温度会妨碍优质啤酒的酿造，一方面是因为酵母发酵需要一定的热应力， 另一方面也是因为细菌增殖将破坏啤酒的风味。 尽管中世纪末期人们并不懂微生物学，但他们也意识到了秋季和冬季酿造的啤酒品质最高，要想保持啤酒的品质，他们需要在春夏时节创造出那种适宜酿造啤酒的气温条件。因此，他们开凿岩洞储藏冬季积累的冰块，尽可能把更多啤酒放入岩洞保存。就这样，三月成为需要辛勤工作的一个月：为夏季储藏啤酒是目标之一，另一个目标则是要在收获季和新一轮酿造之前用完所有的啤酒花和麦芽。三月啤酒尤其适宜用这种方式储藏，因为它们富含麦芽，酒精含量较高，再加上啤酒花风味浓郁，这都是延长保质期的关键因素。

但是当 10 月开始酿造新的啤酒时，需要清空所有的酒桶，三月啤酒也不例外。说到喝光啤酒，还有比全村狂欢更好的方式吗？比起在一年中前几个温暖的月份里饮用的啤酒，这些季末的啤酒已储藏了几个月，它们的麦芽味往往更重。随着时间流逝，苦味和新鲜啤酒花的气味也渐渐消失了。

这种可信度高的说法合理地解释了三月啤酒馥郁的麦芽口感和烈性，以及啤酒节的由来。

但是现代啤酒节真正被定为节日是在 1810 年 10 月 12 日，那天路德维希王子和萨克森泰瑞莎公主在慕尼黑举办了婚礼。皇室划定城市边缘的一块空地向居民开放，以便他们参与到这一盛大的活动中来。从那时起，这块空地就成了人们所熟知的特蕾西娅草坪，世界上最大的啤酒节就在这里举行。之所以称其为“世界最大啤酒节”，一方面是因为游客数量最多，另一方面则是啤酒销售量最大。这个啤酒节对于慕尼黑的 6 家龙头酒坊来说可谓天赐良机，因为只有他们才能在这里搭起大摊位发售啤酒。

特 征

三月啤酒偏橘色，呈现出略带些红的金色。它是最经典的麦芽啤酒之一：口感醇厚，丰富而又精致。一定要等到 10 月再喝这种啤酒：1 升容量的大啤酒杯万岁！

酒精含量：4.8%—5.7%

搭 配：小腿肉和椒盐脆饼或者带猎骑兵酱的烤肉和煮土豆饺子。

vp
0,2ℓ

黑啤酒

制法：底部发酵
类别：拉格黑啤酒
风格：黑啤酒
原产地：德国

“Schwarzbier” 即德语“黑啤酒”之意，有时也被称为黑色清啤酒（尽管它完全没有清啤酒的那种苦味），但很难找到真正黑色不透明的黑啤酒（除非你用的是杯口很宽的玻璃杯）。不过，在拉格啤酒之中它算得上是颜色最深的了，虽然它实际上并没有第一眼看起来那么浓烈。

黑啤酒的来源已不可考，有人说它是在英国波特啤酒出名之后被酿造出来的，也有人认为它是慕尼黑黑啤酒的一个变种。

特 征

这种啤酒是深褐色的，映在桌上的影子则是红宝石色和亮丽的砖红色，再加上它和卡布奇诺一样颜色的丰富泡沫，黑啤酒看起来非常有格调。它的香气出人意料的精致，烘焙咖啡的气味与麦芽味完美调和，丝毫没有果味酯的味道。喝起来不辛辣刺激，也不焦糊苦涩，它的滋味是这样的：咖啡、巧克力、香草以及一贯不腻的德式甜味与相当微妙的啤酒花味相伴，啤酒花的味道既有苦又有香，余味似乎偏干，但实际上毫不让人觉得干涩。

黑啤酒酒体偏中轻，碳化良好，酒精度数适宜，是一款非常亲民的浓色啤酒。

品尝一款优质的黑啤酒将会是一场全新体验，这种体验会让你完全抛开对于拉格啤酒和黑啤酒的偏见。

酒精含量： 4.4%—5.4%

搭 配： 烤鲑鱼、烤鳟鱼，特别是 7 月末从福希海姆（Forchheim）的安纳法斯特（Annafest）捕捞上来的鱼，搭配食用风味最佳。

传统博克啤酒

制法：底部发酵
类别：博克啤酒
风格：传统博克啤酒
原产地：德国

这种啤酒得名于它的原产地，下萨克森州的海恩贝克（Heinbeck）。海恩贝克是汉萨同盟时期一个重要的贸易中心和啤酒酿造中心。这种啤酒被叫作“博克”是之后的事，当它传到德国南部巴伐利亚地区时，当地方言中海恩贝克读作“博克”，这种啤酒也就由此得名。这个词的另一个意思是“山羊”，因此山羊的形象常常作为装饰出现在博克啤酒商标上。

酿 造

这种啤酒特点鲜明，可以称得上是对琥珀色麦芽的真正礼赞。许多城市，比如慕尼黑和维也纳，都认为它是对琥珀色麦芽最美的展现之一。啤酒花运用得不多，只是稍稍减轻作为博克啤酒余味的麦芽甜味。

特 征

博克啤酒是典型的老牌啤酒，尽管如今也有倾向琥珀色和黄铜色的啤酒。长期储藏之后，它的颜色鲜亮，泡沫细腻浓厚而持久。丰富的醇厚麦芽香气和柔和的口感带来的是嗅觉和味觉的双重享受，一开始就能感受到酒精的滋味，这使得博克啤酒绝不会流于平庸。

酒精含量：6.3%—7.2%
搭 配：烟熏牛肉片。

在博克啤酒家族中，还有颜色更清亮的、不含啤酒花的迈博克（Maibock），原麦汁浓度更高（酒精浓度将近10%）的“大姐”杜特博克，以及最烈的冰博克（Eisbock）。冰博克啤酒酒精含量可以达到非常高的程度，因为在其酿造过程中，有一个环节是要将它冷冻并提炼出一部分水分，最后酿成的啤酒就是浓缩型啤酒了。

科什啤酒

制法：顶部发酵
类别：混合型淡啤酒
风格：科什啤酒
原产地：德国（科隆）

科什啤酒是科隆（德语为“Köln”，科什啤酒因此得名“Kölsch”）出产的经典啤酒，它是原产地得到认证的少数几种啤酒之一。第二次世界大战之后，科隆的啤酒酿造者集结起来，组织了科什大会以保护自己的啤酒。他们起草了简单的规则，规范啤酒生产，并确定了啤酒的风格：这种啤酒必须色浅而清亮（换句话说，必须过滤），运用顶部发酵，保留啤酒花风味，酒体轻淡而丰满。最重要的是，必须产自科隆。科什啤酒演化于 19 世纪的棕色老啤（Altbier），某种程度上类似英国艾尔啤酒源自棕色艾尔啤酒，它们的产生都因现代浅色麦芽的出现。这种麦芽是当时工业革命和科技革命的产物。

酿 造

科什啤酒由特殊的顶部发酵酵母酿成，尽管果味是它的招牌之一，但酿造过程中要尽可能保持低温以免果味过重。发酵后的啤酒和拉格啤酒一样，需要储藏在低温环境中，不过科什啤酒储藏时间相对短一些。正因如此，科什啤酒属于混合啤酒类。

科什啤酒是德国颜色最淡的啤酒之一，它的白色泡沫并不持久，带有微妙的果香（苹果香）和啤酒花气味。它的口感也处理得极为平衡，尽管余味干涩，却不苦。经验不足的品酒者可能会因此误以为它是淡拉格啤酒甚至是淡金艾尔啤酒。科什啤酒是一种真正的“期限啤酒”，饮用起来从不会令人感到无趣，非常让人振奋。

酒精含量：4.4%—5.2%
搭 配：简单的小菜，如鸡肉沙拉或经典香肠。

柏林白啤酒

制法：顶部发酵
类别：酸艾尔啤酒
风格：柏林白啤酒
原产地：德国（柏林）

柏林白啤酒是一种非常独特的啤酒，在原产地之外的地方很难喝到，即使是柏林，也仅有一些独立的小酿酒者、酿酒的酒吧及拥有两个著名商标的一家大集团才酿造这种酒。它也位列少数几个原产地认证保护的啤酒之中。

酿 造

自诞生以来，柏林白啤酒就有很多神秘色彩。由大比例麦芽制成的它是彻头彻尾的白啤酒，却丝毫没有巴伐利亚白啤酒的典型特征：柏林白啤酒麦芽味极淡且碳化充分。采用酿酒酵母的它当然是一种顶部发酵的啤酒，但与此同时，它也包含德尔布吕克（Delbrucki）型乳酸菌，为其增添了酸味和烈性，这一点不禁让人联想起自然发酵的兰比克啤酒。毫无疑问，柏林白啤酒是一种酸啤酒，极为清亮。但是根据传统，要用甜味水果（车叶草和树莓）糖浆稀释后再饮用，水果糖浆往往也有很强的染色作用，使得柏林白啤酒颜色变深。

特 征

未经稀释的柏林白啤酒呈非常浅的金色，有时会呈现乳白色。泡沫丰富但并不持久，香味无疑以酸味为主，不过敏感的人可能也会嗅出果香和植物的味道。这种啤酒酒体轻，酒精含量不大，但会给人新鲜浓烈之口感。它的口感以酸涩作结，酿造者有意以此缓和人们的干渴感。

酒精含量：2.8%—3.8%

搭 配：柏林白啤酒酸而辣，却不失格调，这与香槟相似，因此它是极佳的开胃酒。

小麦啤酒（白啤酒）

制法：顶部发酵
类别：德式小麦啤酒和黑麦啤酒
风格：小麦啤酒（白啤酒）
原产地：德国（慕尼黑）

小麦啤酒是巴伐利亚酿酒者原创的众多啤酒之一，如今广受欢迎，随处可见，它的特点是含大量的麦芽，其浓度至少为50%。这是因为酿酒者采用了特殊的顶部发酵酵母，加上小麦，使啤酒具有经典的丁香和熟香蕉香气，与石碳酸和少许柠檬味相配合。不过在购买的时候，需要注意一下啤酒的销售名称："Weiss"（白）是指颜色，尽管这种啤酒实际呈浅金色；"Weizen"（小麦）指主要原料，即小麦麦芽。除了这两种一般名称，有时也会出现其他的名字，意在表现更多的啤酒特性。"Kristall"（透明）表明啤酒经过过滤，但是未曾重新发酵以使其起泡；Hefeweizen（酵母小麦啤酒）是指添加了酵母的小麦啤酒（"Hefe"为酵母之意），这种啤酒未经过滤，重新发酵后呈乳白色，颜色相对更深，是一种广为流传的啤酒。

此外，还有一些不同于上述风格的其他小麦啤酒：深色小麦啤酒（the Dunkel Weizen），如此命名是因为它颜色更深，其口感以烘焙咖啡味和些许酒味取代了果味。还有小麦博克（Weizenbock）和小麦杜特博克（Doppel-Bock），这些深色小麦啤酒与博克和杜特博克具有同样的特点：酒精含量高。

这类啤酒是大受欢迎的烈性啤酒，相当平易近人。但有些自称专家的人对它们嗤之以鼻，这可不公道，这些批评者大概是忘记了这类啤酒之所以能够在臭名昭著的《啤酒纯净法》之下流传至今，是因为巴伐利亚皇族垄断了生产它们的权利。

许多人喜欢在品尝这种酒的时候在杯子边缘装饰一片柠檬，以显得更为优雅，但有人说过这样一句话："萝卜青菜，各有所爱。"尝试用不同的方法饮用它，然后再选择自己最喜欢的方式就好。

酒精含量：4.3%—5.6%
搭 配：在慕尼黑，你可以用它搭配维也纳白香肠和甜芥末，作为上午的茶歇点心。

哥塞啤酒

制法：顶部发酵（混合工艺）
类别：待定
风格：哥塞啤酒
原产地：德国（戈斯拉尔和莱比锡）

如今大家都公认哥塞啤酒（Gose）产自继承和复兴了这种酒的莱比锡，但事实上，它源于沿哥塞河而建的戈斯拉尔城。在公元1000年左右，由于银矿和铜矿的发现，以及著名的啤酒产业，戈斯拉尔城兴盛起来。这里的酿酒者用含盐量极高的水酿酒，倒是使哥塞啤酒别具一格。

中世纪早期，采矿业衰落，戈斯拉尔城人口随之剧减，许多酿酒者不得不离开戈斯拉尔另谋生路。他们中的一些人来到莱比锡定居，他们的盐啤酒得到了赏识，并且随着时间的推移越来越受欢迎。到了20世纪初，哥塞啤酒已然成为最流行的啤酒。哥塞啤酒在莱比锡实在太过成功，以至于对戈斯拉尔酿酒业的发展造成了沉重打击，因此地方议会发布了哥塞啤酒的生产禁令。第二次世界大战之后，哥塞啤酒产业在当时的民主德国（即东德）严重衰退，直到20世纪80年代晚期才得以复兴。当时，一个啤酒爱好者决定在自家酒馆里供应哥塞啤酒，这个小酒馆以前就是一家哥塞酒吧，经他翻新后重新开张了。但是复兴哥塞啤酒的主意并没有得到附近酿酒师的关注，这个啤酒爱好者不得不向一位柏林酿酒师寻求支持，请他帮忙生产哥塞啤酒。时至今日，酿造哥塞啤酒的人仍然不多，但是品尝过这种“奇怪”啤酒的人都对它无比喜爱，格外痴迷。

酿 造

哥塞啤酒是世界上最原汁原味的啤酒之一：它由盐水酿造而成，所以喝起来偏咸；它由芫荽和啤酒花调味，因此口感辛辣；它由顶部发酵酿造，同时还加入了乳酸菌，所以成为混合发酵的烈性啤酒。

特 征

这种啤酒呈透明金色，纯白的泡沫丰富且非常持久；其酒体中等偏轻，香味微妙地暗示了它以辛辣口感为主的特性。除此以外，哥塞啤酒尝起来偏咸，常常让品酒者惊讶，但这种咸味总能得到大家的交口称赞。总的来说，哥塞啤酒新鲜、干涩、提神且解渴。

酒精含量：4.5%—5%
搭 配：海鲜。

捷克共和国

在捷克共和国，喝啤酒的人很多，并且相当狂热。据估计，捷克每年的人均饮酒量大约是 45 美制加仑（170 升），而美国每年的人均饮酒量约为 18 加仑（70 升）。相较之下，你就会明白，饮酒在捷克是日常生活必不可少的一部分。

不同于巴伐利亚和弗兰克尼的酒吧和酿酒坊相邻的光景，波西米亚四处遍布俱乐部、酒吧、咖啡厅和酒馆，来饮酒的捷克居民从不小酌，皆是豪饮。但是这里也有能就地饮酒的酿酒坊，其中包括一些最有年头的酿酒坊，它们经历了“铁幕”时代的风霜。这些老酿酒坊大多归属大集团旗下，比如皮尔森啤酒如今就由南非的 SAB 米勒公司掌控（这家公司还控制着蓝带啤酒）。在皮尔森的历史老区，还可以品尝到附近仍在生产的清啤酒，未经过滤，未经消毒，非常可口。

历史上，这里的啤酒是底部发酵的，清啤酒却是在 19 世纪中期前后才传入的。传统的啤酒颜色最浅的呈金色，最深的呈暗琥珀色，颜色表明其使用的麦芽经过烘焙，酒精含量低。加之价格低廉，惊人的销量也就不足为奇了。酿造这种啤酒就和喝掉它一样简单：前者事实上推动了后者的发展。在布拉格市中心的弗莱古啤酒屋，你可以喝到不止一种于 1499 年酿制并保存至今的啤酒，这些黑啤酒每单位体积酒精含量约为 4.6%。现代生产工艺已使它改变了许多，但是它仍保留着自身的吸引力和魅力，特别是当人们在酿酒坊前面的小酒馆内品尝它时，因为这一酿酒坊承载了 500 多年的历史。

小贴士：布拉格及其附近地区酒精含量有时不以体积（比如含量为 5%）来表示，大多数时候是以度数来表示的。因此，一种 13° 的啤酒并不算烈酒，因为 13° 相当于每单位体积 4.5% 的酒精含量。

vp
0,2ℓ

波西米亚皮尔森啤酒

制法：底部发酵
类别：皮尔森啤酒
风格：波西米亚皮尔森啤酒
原产地：捷克共和国

波西米亚皮尔森啤酒是淡啤酒花啤酒的原型。Pilsen、Pilsener、Pilsner、Pils 这些名字指的都是波西米亚的一座城市皮尔森（Plzen，德语写作 Pilsen），皮尔森啤酒就是在这里问世的。发明者是约瑟夫·格洛（Josef Groll），一位“现代的”德国酿酒师，他是从巴伐利亚地区特地被邀请到这里的。当时在巴伐利亚，他就已经开始用工业革命的新知识和技术酿造纯净的淡啤酒了，这些新工艺包括底层发酵、严格控制麦芽制作过程、使用温度计和冰箱。约瑟夫来到皮尔森之后，做出了一个简单的决定：将自己的工艺与本地的原材料结合起来，即扎泰克地区芳香的萨兹啤酒花 (Saaz)、摩拉维亚著名的麦芽和皮尔森甘甜的水源。

于是制成了一种不同寻常的金色啤酒，颠覆了啤酒历史，因为此前的啤酒都是红棕色、棕色或者黑色的。试想一下，此后玻璃酒杯的发明对于展现皮尔森啤酒美丽的色泽是多伟大的贡献啊！

选购这种啤酒需要仔细观察，认真鉴别，因为市面上的皮尔森啤酒既有绝妙的上等货，也有可耻的个性全无的劣品。不幸的是，如今任何人可以在任何地方生产啤酒，并冠以“Pils”、“Pilsner” 或者“Pilsener”的名字，因为当时皮尔森啤酒并没有注册专利。不过你还是能够凭借形容词“Urquell”辨别出正宗的皮尔森啤酒。

酿 造

皮尔森啤酒经过底层发酵，由皮尔森麦芽、优质啤酒花和软水酿造而成，最适合多次煎煮（现在是多步骤补液）之后再长时间冷藏。

特 征

皮尔森啤酒呈浅金色，即使是手工酿成，也一样清澈透亮。其泡沫细腻洁白，丰富持久。闻起来气味清淡，有草本和花香相伴。皮尔森是拉格啤酒中最苦的一种，但这种苦味很精妙，并不刺激，这一定是因为酒体和麦芽的中和作用。该啤酒更倾向于追求嗅觉和味觉的平衡。

酒精含量：4.5%—5.4%

搭 配：油和芝麻菜片，经柠檬腌制过的牛肉。

奥地利

奥地利在啤酒历史上写下了重要的一章。这里首创了啤酒“维也纳”，和奥地利首都拥有一样的名字。这种啤酒是由琥珀色麦芽制成的，其色泽、绝妙的风味和醇厚的口感备受赞赏。这种麦芽是最常用的麦芽之一，除了它，皮尔森麦芽、淡啤酒和慕尼黑麦芽也很常见。在19世纪中期，一位具有创新精神的维也纳酿酒师安敦·德莱黑（Anton Dreher）研制出一种啤酒风格，至今仍以“维也纳”之名为人熟知。这是一种有个性的琥珀色拉格啤酒，与它的德国兄弟截然不同，尽管后者同样在奥地利随处可见。

由于该啤酒盛行，德莱黑得以不断提高啤酒产量，甚至征服了意大利市场，尤其是在奥地利帝国将边境地区让渡给新成立的意大利国家的历史时期，这种啤酒也及时地传播了过去。此后许多年，维也纳风格一直是最流行的风格之一。在有关奥地利与墨西哥的历史性事件中，哈布斯堡皇室马克西米利安一世曾短暂地统治过墨西哥，维也纳啤酒也就趁势进入了这个中美洲国家。今天，那里的人们仍酿制并以本地商标出售这种酒，不过他们所使用的是墨西哥的制法和原料，已经与原酿大有不同了。

如今，标准化的口味和生产已十分普遍，特别是对拉格啤酒而言。维也纳风格的啤酒正面临着消失的危险。我们要再一次把这种啤酒的复兴归功于手工酿酒师组织，他们专注于品质，复兴并再度推出了许多曾经绝世的啤酒。

但维也纳啤酒仍然吸引着大批乐于光顾传统小饭馆的啤酒爱好者，因为它和当地菜肴搭配风味极佳。酿酒者开始进行创新，比如使用从大洋彼岸进口的新型啤酒花。不过旨在追求好生意的酒吧才会有更多现代风格，这些酒吧努力试图从市场中分得一杯羹以求得经济上的生存。

另一个伟大革新发生于斯提弗特·安格泽尔（Stift Engelszell）大修道院（位于安格泽尔小镇）内，这里寂静一片，与特拉普派教徒的戒规倒是非常相称。格里高利啤酒就在这里诞生，这种啤酒非常值得进一步了解。受比利时啤酒启发，它的酒精含量较高，因此违反了当地的风俗，但不违背修道院的规矩。和餐后甜酒一样，格里高利啤酒的制作过程符合特拉普教徒的准则，所以酒瓶上可以贴上六角形标签——“真正的特拉普啤酒”。

1l

维也纳拉格啤酒

制法：底部发酵

类别：欧洲琥珀拉格啤酒

风格：维也纳拉格啤酒

原产地：奥地利

这种啤酒植根于古老的三月啤酒的风格，它的历史与啤酒酿制技术的演变相互交织。维也纳人安敦·德莱黑和慕尼黑人嘉伯瑞·塞德麦尔是两位有创新精神的酿酒师，他们亦敌亦友，都试图通过选用新的浅色麦芽，甚至当时叫作“维也纳”的琥珀色麦芽来将三月啤酒的颜色变浅。德莱黑更为大胆，他酿造出了颜色明显更浅的啤酒，尽管其颜色不如清啤酒那样呈金色。德莱黑从塞德麦尔那里借鉴了新型底部发酵酵母，这种酵母是刚刚分离出来的，纯度很高。

这就是维也纳拉格啤酒（Vienna Lager）在奥地利诞生并自成风格的故事。而在慕尼黑，以同样方式发酵的浅色啤酒则被称为“维也纳风格三月啤酒”。有趣的是，几十年以前，在德国，这种维也纳风格三月啤酒被一个颜色稍深的啤酒所取代，后者是用另一种叫作“慕尼黑”的新型麦芽制成的。维也纳拉格啤酒后来以“啤酒节啤酒”的名字为人所知，因为它第一次出现是在著名的巴伐利亚啤酒节上。

特 征

回到维也纳啤酒风格上，这种啤酒呈琥珀般的红棕色，泡沫洁白持久，完美地表现了麦芽香气和口感上的醇厚和精致。啤酒花的味道在余味中才显现出来，以平衡并吸收甜味，使人不觉无趣。

这是一种面临消亡危险的啤酒，让我们以饮用它的方式拯救它吧！

酒精含量：4.5%—5.5%

搭 配：与番茄、马苏里拉奶酪和香肠比萨一起食用最佳。

美国

自20世纪70年代以来，美国在重新激起人们对啤酒的热情（“现代文艺复兴”）方面起到了决定性作用。

美国成功的秘诀在于热情、努力和个人奉献，而非仰仗大公司。所有的新一代酿酒师都没有“装模作样”，他们以个体酿造的方式复兴了古老的啤酒，并没有依靠毫无个性的大公司，因为那些远在天边的公司只会把营销放在首位。酿造什么类型的啤酒，怎样酿造这种啤酒，这些决定权都归属于酿酒师，由他根据自己的感觉和技艺来确定。而市场调查部门只会试图去了解什么样的人想要喝啤酒；会计师更糟糕，他们只想酿制生产成本最低的啤酒，毫不顾忌生产出来的啤酒是否能卖得出去。

一些小酿酒者拥有临时拼凑的简单设备和少量资本，加上家庭酿酒的经验，他们开始酿制不同以往的啤酒（但并没有很大不同，因为标准的原材料不易取得）。这些酿酒者劝说人们尝尝他们的啤酒，试图取得信任并逐渐开拓出本地市场。同时，他们努力让人们明白，他们酿造的啤酒和超市货架上的有所不同。此外，他们还邀请人们参观他们的作坊，组织节日、聚会、小工坊和其他各种各样的活动，甚至还教感兴趣的人在家酿酒。这些酿酒者设计了极富创造力的口号，如“支持本地啤酒厂”，这些口号不仅吸引了忠实啤酒爱好者，还让新加入者有了共鸣。他们深谙合作之道，互相帮助改进啤酒，还会交换情报。他们集体团购原材料，一开始是自发的，后来逐渐形成了一个正式协会来保护自己的利益。他们共同的目标是增加产品的知名度和辨识度，让他们的啤酒成为人们心目中的“手工啤酒”，与工业化生产的啤酒区别开来。

美国地域辽阔，人均啤酒消耗量大，他们的啤酒和大型零售商淡而无味的啤酒相比非常突出，这些因素使得手工啤酒并无竞争压力，同时也有助于“友爱精神”的成长。这种精神是除了啤酒质量之外，他们成功的另一个基础。

与此同时，什么是手工啤酒及如何定义或规范这种啤酒成为讨论的焦点。和其他国家一样，美国人在啤酒中希望能找到的也是质量、感觉、感情、惊喜、满意和好奇。美国的酿酒师立即领会到了这些。他们开始采用历史上各种欧洲传统酿酒风格（特别是英国和比利时的，德国的相对少一些），这种大胆尝试本身就足以震惊美国民众。此后，这些酿酒者开始改良这些风格，有的改动较多，有的较少。因此，如今许多经典风格以各种变体形式存在于美国，标签上多了一个形容词——“美式”（美式拉格啤酒、美式大麦艾尔啤酒、美式印度淡啤酒等）。

这些酿酒者最富有革命性的武器是对于原材料的探索，特别是对工业酿酒业忽视的啤酒花进行的研究。许多新型啤酒花出现了，它们的风味令人惊诧，几年前难以想象。它们有葡萄柚、西柚和柑橘的香气，还有类似香脂的气味，被称为松脂和树脂。

除了增加啤酒花的香型，美国小酿酒者也大胆着手更难应对的苦涩口感，这就提高了许多风格原本常规的饮用门槛，这种做法稍有些过激。之所以说苦味难应对，是因为它对人体而言并不是“天生”味道，早在我们祖先生活的那个时代，这种味道就已经与危险和毒性（毒药、腐坏等）联系在了一起。它们属于“后天”味道，不像甜和咸是自然而然的。只有那些喜欢不加糖浓咖啡的人才能完全欣赏到这种苦味的美妙，并解释得清楚为什么他们不喜欢那种偏甜的口味。苦涩啤酒的“新世界”也是同样的道理，这个新世界内包含千万种选择和品种，它们正张开双臂等待你的到来。将自己交给酒馆的一位好老板，让他指引你：通往这个新世界的道路很漫长，但是非常愉快且充满惊喜。

当然了，啤酒花含量极高的啤酒能够盛行是历史曲折发展的结果，但是正如过去所发生的那样，让人们回归甜味啤酒是轻而易举的。如果目前基于酒精含量的收税标准由“酒越烈，税越高”变为基于苦味程度的收税标准“酒越苦，税越高”的话，你觉得会怎么样呢?

这一切还是让我们的后代来评判吧……

美式淡艾尔啤酒

制法：顶部发酵
类别：美式艾尔啤酒
风格：美式淡艾尔啤酒
原产地：美国

美式淡艾尔啤酒（American Pale Ales）通常简称为APA，是英式淡艾尔啤酒的美国重制版本，运用了美国当地的原料。其所用啤酒花原产欧洲，后移植到了美国，与新选种杂交，最终培育出现在的品种。这种啤酒花首先影响了美国酿酒界，随后传播至全世界。该啤酒是对传统的历史性突破，因为它酒精含量低，香味与风味新奇，并带有些许苦味。它引领了一次至今仍在进行的革命，许多新风格的啤酒应运而生，如美式印度淡啤酒（American IPA）、双料风格印度淡啤酒（Double IPA）、帝国印度淡啤酒（Imperial IPA）及其他数不清的改良啤酒在世界各地不断涌现。

酿 造

这种啤酒采用顶部发酵法，主要原料是美国原产淡色麦芽，麦芽主要是为了增添甜味，有时也会烘焙一下。啤酒花至为关键，特别是能散发柑橘香味的那种。啤酒花主要是在后期加入啤酒花阶段（即碾磨麦汁的最后阶段）加入，常常也会在冷泡啤酒花阶段（啤酒贮藏阶段）加入一些，主要是为了保持这种啤酒的香味特性。

特 征

不同的美式淡艾尔啤酒的颜色会有很大不同，有近乎琥珀色的，也有深琥珀色的，这主要取决于麦芽的用量，但是泡沫一般都洁白丰富，并且持久。这种啤酒的香气以美式啤酒花的气味为主，带柠檬、树脂和草本香味的麦芽气息也常伴其中。其酒体轻，碳化程度相对较高，如果啤酒花过量了，可能会出现一种不大可口的涩味。苦味掩盖了麦芽那种甘甜的味道和烘焙的味道，但同时麦芽的味道也平衡了苦涩的口感。在绵长余味之中，啤酒花包含的柠檬和树脂滋味会再度出现，令人回味无穷。

酒精含量： 4.5%—6.2%

搭 配： 美式淡艾尔啤酒酒精含量低，提神醒脑，并且十分解渴，因此可以在一天中的任何时候饮用，也是开胃酒的上乘之选。

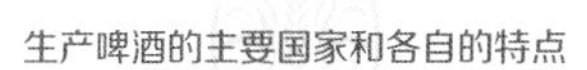

标准美式拉格啤酒

制法：底部发酵
类别：淡色拉格啤酒
风格：标准美式拉格啤酒
原产地：美国

标准美式拉格啤酒（Standard American Lager）实际上是一种非常国际化的啤酒风格，涵盖了市面一般出售的所有淡拉格啤酒。

鉴于酿造这款风格的啤酒需要使用大量谷物，比如玉米和大米，而美国在很久以前就开始使用这些原料酿造啤酒了，因此我们把这一款啤酒归类于美国部分来进行介绍。

通常来说，玉米和大米这一类廉价的谷物是不会同时使用的，但有时一些非常便宜的啤酒确实将两者一起选用，并加上另外一种便宜的原料：糖。各国的法律虽然有所不同，但大都对这些添加剂设置了限制，否则其含量会相当高。

手工啤酒运动无意改善或者推崇拉格啤酒风格，它也不可能做到这一点。也许这也是一种策略上的选择，毕竟他们希望制造出一种全新的产品，与定位大众市场的啤酒明确区分开来。不过，也可能是因为拉格啤酒需要长时间冷藏，酿造时间不短，因此需要更多的酒桶、更多的资金投入和更大的仓库，这些对于手工酿酒的小生产者来说成本太高，难以承受。

特 征

标准美式拉格啤酒是一种非常淡的啤酒，白色的泡沫极易消散，带有麦芽、玉米和啤酒花的香味。这种啤酒喝起来非常清爽，酒体轻，因为极易起泡，非常刺激味蕾，所以余味稍显干涩短暂。它是几种应冷藏后饮用的啤酒之一，哪怕是直接整瓶饮用也得如此，不用过多考虑。

酒精含量： 4.2%—5.3%
搭 配： 它虽然温和，却并不适合搭配美食，吃热狗时来几口反倒很有味道。

帝国印度淡啤酒

制法：顶部发酵
类别：印度淡啤酒
风格：帝国印度淡啤酒
原产地：美国

帝国印度淡啤酒是最近才出现的一种风格，实际上是对所有较为极端的美式印度淡啤酒进行了概括，这类啤酒是指那些标签上写着“双倍”“额外”“极致”等形容词的印度淡啤酒。美国酿酒者出于创造新啤酒的需要走向了极端，他们主要是在啤酒花上下功夫，在酿造过程中可能的每一个阶段都使用了大量的啤酒花，甚至有些特殊的机器设备专门为了最大化啤酒花的香味才被发明出来。如今其他国家的酿酒者也开始学习啤酒花在帝国印度淡啤酒中的使用了。

酿 造

麦芽在抑制啤酒花苦涩口感方面起到了非常重要的作用。产于美国、英国或者德国的麦芽在各个阶段被用作增加酒香的原料，从在涡旋中碾压麦汁的时候开始，直到和其他原料混合在一起窖藏，这个过程简直可以与炼金术士炼金相媲美。顶部发酵酵母一般呈中性，不会释放酸酯，但是在稀释之前它会一直发挥作用帮助酿酒。

特 征

这类啤酒颜色多样，从纯金色到红棕色都有，其泡沫细腻而持久。

以啤酒花的气味为主，与柑橘味、花香、果香、草本味和树脂味一起混合成了奇妙的香气。

麦芽的甜味虽然在一定程度上平衡了苦涩口感，使其不会显得太过，但是苦味仍然存在，持续时间也很长。这种啤酒酒体中等，碳化程度中等，不算过于干涩的口感使它更易入口，酒味醇厚。余味绵长而丰富，主要带着柑橘那种偏苦的味道。有些时候，因为它所具有的香脂风味，人们会将帝国印度淡啤酒作为一种冥想啤酒。

酒精含量：7.5%—10%

美式印度淡啤酒

制法：顶部发酵

类别：印度淡啤酒

风格：美式印度淡啤酒

原产地：美国

美式印度淡啤酒是美国小酿酒坊对英式印度淡啤酒的重新解读。与原酿印度淡啤酒的不同在于，美式的采用了美国本地原料，这些酿酒师毫不吝惜啤酒花，大量使用多是来自西北海岸的品种，以寻求一种新的风味和更突出的苦涩口感。他们中的许多人都选用了 4C 啤酒花：喀斯喀特（Cascade）、哥伦布（Columbus）、百年纪念（Centennial）和切努克（Chinook），但现在其他品种的啤酒花也会运用于印度淡啤酒之中，比如阿马里洛（Amarillo）、威拉米特（Willamette），以及最近出现的奇特拉（Citra）和西姆科（Simcoe）。尤其是在加利福尼亚州的西海岸，那里虽然没有了淘金热，却兴起了一股“淘啤酒花”的风潮。美式印度淡啤酒是美式淡艾尔啤酒的进阶版，相比而言酒精度更高，啤酒花含量也更为丰富。

酿 造

美式印度淡啤酒所用的是焦糖麦芽的碎麦芽，有时也会添加烘焙过的啤酒花。在制作麦芽浆的各个阶段都使用了大量的啤酒花，这是为了加强苦涩口感和香气。在冷泡啤酒花工艺中，添加大量啤酒花以加固啤酒香气是一种普遍的做法。酵母通常为中性，因此并不会产生酸酯，但是酵母确实会在稀释（干性）环节起到作用。

特 征

颜色众多，由浅金黄色到偏琥珀色都有，有时还有橙色的影子。酒体清透，纯白色泡沫细腻持久。

这种啤酒能立刻给饮酒者留下深刻印象，因为它香味浓郁，啤酒花、柠檬、树脂、花和水果的香气完全掩盖了焦糖麦芽的味道。口感醇厚，酒体轻至中等，碳化程度中等偏高。以啤酒花的味道为主，但麦芽（焦糖风味，有时也有烘焙口感）的味道平衡了苦味，苦涩味道虽然仍清晰可辨，但是已经可以入口了。绵长的余味充斥着啤酒花，甚至连鼻子都能感受到它的冲击。

酒精含量： 5.5%—7.5%

搭 配： 与烧烤（烤肉和香肠）一起享用最佳。

卡斯卡底黑啤酒

制法：顶部发酵
类别：印度淡啤酒
风格：卡斯卡底黑啤酒或印度淡味黑啤酒
原产地：美国

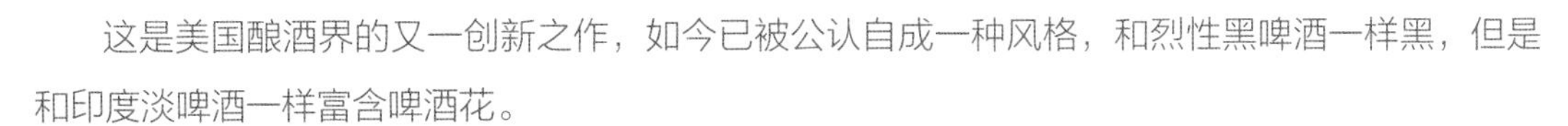

这是美国酿酒界的又一创新之作，如今已被公认自成一种风格，和烈性黑啤酒一样黑，但是和印度淡啤酒一样富含啤酒花。

卡斯卡底黑啤酒（Cascadian Dark Ale）诞生于美国西北部，在喀斯喀特山脉与雅吉瓦和威拉米特河之间的河谷之中。这是种植酿酒用的大麦的农业区，但最重要的是，美国大多数啤酒花也产自这里。因此，这一区域是许多现代香型啤酒花的主要生产中心，这些啤酒花可是形成卡斯卡底黑啤酒风格的主要角色。

这里的一些酿酒师起初酿造颜色更深的富含啤酒花的啤酒只是为了节日或者特殊场合，但很快由于人们很喜欢这种新啤酒，这些酿酒师便开始在平日里生产它们，其他的酿酒师也纷纷学着酿造起了这种啤酒。于是，有必要给这种新风格的啤酒起个名字，为了避免“地区化”，有人将它命名为印度淡味黑啤酒。

特 征

这种啤酒的独特之处在于它是一款颜色极深的啤酒，介于深棕色和黑色之间。但是它的风味并不刺激，烘焙麦芽的香气也没有那么强。这种啤酒所使用的是已经除去了苦味的黑色麦芽，或者天然有色麦芽提取物，没什么味道，很难尝出来，因为它的主要功效是为啤酒染色。

除此以外，不用说，这种啤酒的啤酒花含量颇高，是典型的印度淡啤酒。该地区出产的啤酒花（喀斯喀特、阿马里洛、西斯特、哥伦布、百年纪念和切努克）带有柠檬、香料、树脂和花的香气，掌控着啤酒的气味和口味。它余味相当干苦，酒体中等偏轻。通常使用中性酵母，不产生酸酯，以增强啤酒花的香气。

这种啤酒还会给人带来惊喜，因为深色麦芽与一些啤酒花可能会发生反应，产生类似薄荷和迷迭香的香气。

酒精含量：6%—8%
搭 配：生鱼片和寿司。

美式大麦艾尔啤酒

制法：顶部发酵
类别：烈性艾尔啤酒
风格：美式大麦艾尔啤酒
原产地：美国

英式大麦艾尔啤酒是美国小酿酒坊酿造这种新风格啤酒的最大灵感之源，美式大麦艾尔啤酒（American Barley Wine）因其啤酒花作用更为突出而闻名：虽然酒香精致，包含丰富的柑橘和香脂味，但口感极为苦涩。

英式大麦艾尔啤酒的朴素为当代酿酒师留下了无限想象、创造和渴望的空间，而在这种美式新风格之中，他们想要与原风格一争高下，看看哪种啤酒更烈、更醇、更奢华。

特 征

美式大麦艾尔啤酒呈深琥珀红色（几乎不呈现棕色），泡沫细腻，但是在量和持久度方面并无常态。

丰富的麦芽和啤酒花，加上乙酯和发酵过程中产生的果酯，这种啤酒的香气能够给人以感官上的享受。

美式大麦艾尔啤酒的口感和酒体一样丰盈：苦和甜并行不悖，共存于酒精之中，最终却是啤酒花抢先一步，占领了绵长的余味。以纵向对比的方式品尝酿造于不同时期的美式大麦艾尔啤酒是一件很有意思的事情，通过这种对比，饮酒者可以了解到这种酒随着时间推移不断发展的巨大潜力。

品尝这种啤酒，你也许会忍不住将它看成原酿啤酒的一种夸张，但是那些口味平衡良好的酒确实会让你有独特的感觉。

酒精含量：8%—13%
搭 配：通常用作餐后酒，但是香味更浓郁的大麦艾尔啤酒也可搭配精致的甜点，味道十分美妙。

意大利

意大利半岛拥有历史悠久的酿酒传统。这里的大多数城市都曾经至少有一家酿造冰啤酒的酿酒坊，以生产在天气炎热时饮用的啤酒。人们将冰啤酒视为夏日特饮，葡萄酒的小妹妹，难登大雅之堂，但有时人们会将其作为佐餐酒，也会在小酒馆里喝这种啤酒，哪怕是在冬天或是餐间。20 世纪，啤酒的衰落悄然降临，所有的一切都不复存在：大多数酿酒坊关门了，他们酿造的啤酒也逐渐被人们忘记。大工业集团收购了其他的酿酒坊，一些啤酒得以保存下来（比如蓝带啤酒、莫雷蒂、伊克努萨、安吉洛·宝瑞迪），还有一些则变得和原本的样子完全不同了。经过长期合作，福斯特（Forst）收购了比耶拉（Biella）的山麓地区梅纳布雷亚（Menabrea），但是仍然允许其保留着相当大的自治权。

20 世纪 90 年代早期的情形实在是太过惨淡，只有工业化的酿酒坊仍在运作，本地的小酿酒坊已然消失，啤酒的消耗量也日益下降。仅有少数酒吧还供应一些口味相对独特的进口啤酒，剩下的都是口味平平、香气普通的工业化拉格啤酒。但是到了 20 世纪 90 年代末，变化发生了，一些小手工啤酒作坊开张了，这是意大利啤酒复兴的开始。个别的领头者发起了运动，然后迅速发展，以至于后来都无法计算新开张酿酒坊的数量了。不过，据估计，现在意大利有超过 600 家酿酒坊。

即使是在今天的意大利，大多数人也只将啤酒视为餐间饮品，清爽怡人，但算不上高档。相反，意大利啤酒在其他国家却大获成功：在短短 18 年间，意大利的传统酿酒方式就已经享誉世界，跻身啤酒巨头国家行列。别的国家起初是为之震惊，然后变为好奇，如今却对意大利的啤酒饶有兴味。继美国之后，意大利正引领着酿酒艺术的新风潮。

一开始，意大利遵循着盎格鲁－撒克逊式、德国和比利时的酿酒传统，而后学习了北美的酿酒方式。意大利的酿酒师有时会直接模仿现存的啤酒风格，有时则会重新诠释它们。他们常常会在各种啤酒中留下意式印记，一些啤酒就是受别国啤酒启发后酿造出来的，比如德国的科什啤酒、清啤酒和凯勒啤酒，这些啤酒在意大利酿酒者的调制下已经重获新生。放眼本国大地，意大利也根据本国实情创造了一些新型啤酒，如在啤酒中加入新原料栗子，生的、煮的、切碎的、烘焙的或粉末状的。最近许多酿酒坊都生产了与意大利本土息息相关的啤酒。因为意大利不适宜种植啤酒花，所以大多使用进口啤酒花。但酿酒坊普遍使用意大利本地谷物——大麦麦芽，特别是本地原产的香料和水果来酿酒。

与此同时，许多新开张的或是改造重开的酒吧都出售“意大利酿造”的啤酒，一些餐馆还在葡萄酒酒水单之外，推出了啤酒酒水单，并且还供应以啤酒作为原料之一的菜肴。简而言之，意大利的啤酒已不再是葡萄酒的小妹妹了，而成为和葡萄酒同等地位的饮品，甚至配得上有名的星级餐厅。

意大利的酿酒者也开始从葡萄酒世界中寻找灵感。意大利的葡萄酒文化博大精深，酿酒者们深受影响。大多数的酿酒坊要么位于葡萄酒区，要么酒坊中有一位酿酒师与葡萄种植者交好，因此许多啤酒成为葡萄酒圈子和啤酒圈子之间的联系纽带。根据本地风俗，酿酒师可以选择自己的酿酒方式，直接使用葡萄、葡萄汁、麦芽汁，或处理过的葡萄麦芽混合汁，甚至是果渣，只要能够酿出想要的酒就没问题。

一些酿酒者甚至会使用传统的香槟酿造法，以转瓶除渣法作结，除去酵母泥渣，并在最后加瓶塞封口之前添加补液（一种把糖加入葡萄酒后形成的溶液）。这些啤酒不仅有葡萄赋予的特性，也因之后的反应活动变得更加与众不同：有时麦芽汁中或葡萄皮上仍存留天然酵母，它们会与酿酒师筛选出来专门制酒用的酵母发生反应，从而逐渐改变啤酒的风味。

在自然发酵和酒桶酿酒圈子里，意大利贡献巨大，并产生了许多有意思的话题，不过它们与传统并不冲突。酿酒没有官方统一的方法，意大利仍在为酿酒界做着数不清的贡献，并不断提出一些酿制现代啤酒的新建议。

栗子啤酒

制法：阿尔塔底部发酵

类别：果啤

风格：栗子啤酒

原产地：意大利

使用栗子酿造啤酒已成为意大利早期酿酒传统的一座里程碑。栗子几乎遍及整个意大利：几乎所有的河谷、高山或者小丘都生长着栗子。它们经常被用于制作本地菜肴，是一种重要的原料（一般是第一或第二道菜，也有甜栗子和糖渍栗子，或者简单的烤栗子）。酿酒者们环顾四周，终于找到了栗子与这块土地的联系，但是将麦芽、酵母和栗子混合在一起实在是非常复杂。想要确定一种官方正式的风格就更难了，因此每一位酿酒师都在努力使自己的啤酒与众不同。啤酒联盟（Unionbirrai）组织的意大利啤酒年度大赛包含了“顶部或底部发酵的栗子啤酒”这个类别，显而易见，确认了如今栗子在啤酒酿造中的地位。

酿 造

除了烤栗子，生栗子、煮栗子、切碎的栗子和栗子粉都可能用于酿酒，这取决于酿酒师的配方。有些酿酒师选用纯栗子蜜，但是酿成的啤酒更像是花蜜啤酒而非栗子啤酒。至于对麦芽、啤酒花（不是这种啤酒的主要特色）和酵母种类的选择则没有定律，比如酵母，顶部发酵和底部发酵的都可以。

特 征

栗子啤酒（Chestnut Beer）的外观多样，主要和选用的麦芽有关，酒香和风味也不固定。不过，一般来说栗子的味道占据主导地位，生栗子、烤栗子或糖渍栗子的味道可能会蕴藏其中。而麦芽即使经过了烘烤，也无法在啤酒的口感中突显出来，啤酒花也是如此。

酒精含量：不固定

搭 配：取决于基本的食谱，也可能会混搭。任何使用栗子作为原料的菜都可以搭配，比如栗子内馅的火鸡或烤栗子。

意大利拉格啤酒

制法：底部发酵

类别：淡拉格啤酒

风格：意大利拉格啤酒（尚未认证，待定）

原产地：意大利

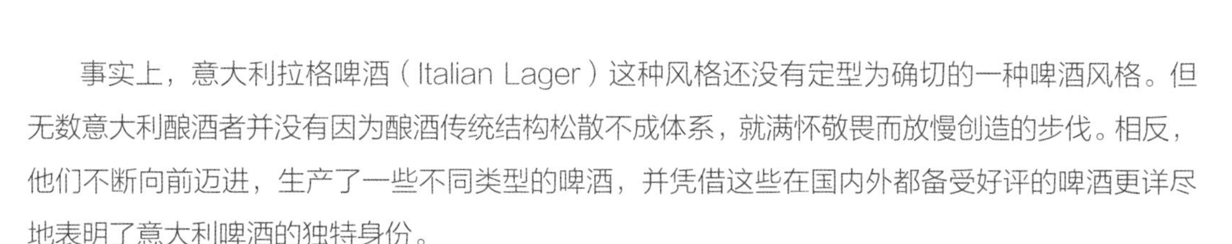

事实上，意大利拉格啤酒（Italian Lager）这种风格还没有定型为确切的一种啤酒风格。但无数意大利酿酒者并没有因为酿酒传统结构松散不成体系，就满怀敬畏而放慢创造的步伐。相反，他们不断向前迈进，生产了一些不同类型的啤酒，并凭借这些在国内外都备受好评的啤酒更详尽地表明了意大利啤酒的独特身份。

淡拉格啤酒就位列这些啤酒之中。和其他地方一样，意大利的淡拉格啤酒仍由大型国家酿酒厂工业化生产，因此口感更为传统、平淡。

然而，如今一些独立酿酒师开始制作底层发酵的淡啤酒，这些原创的新式拉格啤酒备受人们追捧。它们的酒精含量相对较高，苦涩味、树脂味和酒香（花香味、香料味与果香味）更为突出，这是因为在冷泡啤酒花阶段放入了大量啤酒花。同时，这些拉格啤酒的发酵温度相对于一般的底层发酵来说较高，以加强嗅觉和味觉方面的感受。

每年意大利都会举行选拔最优质手工啤酒的竞赛，“2014 年度啤酒”比赛评选也为这一类特殊的啤酒保留了一席之地。

纵观世界上的啤酒，意大利拉格啤酒可能是对淡拉格啤酒的曲解，但创新正是从破坏而生的。可能只有经过历史的验证，我们才会知道，这种啤酒会不会像许多其他啤酒风格那样，经历调整之后走向消亡，直至后人将其重新唤醒。尽管目前仍不成熟，意大利拉格啤酒却生机勃勃，潜力无限。

丹麦与挪威

将这两个国家放在一起不是因为它们都位于北海沿岸，而是因为它们都是现代化酿酒工艺的最佳代表。

过去，嘉士伯啤酒公司主导丹麦酿酒业，该公司由出身于酿酒世家的雅各布·克里斯汀·雅各布森（Jacob Christian Jacobsen）创立于1847年。这位创始人和他的后代深谋远虑，明智投资，使得嘉士伯啤酒公司成为酿酒业巨头，其特色深深烙在了丹麦乃至全世界饮用的啤酒之中。正如之前所说，埃米尔·克里斯汀·汉森分离出了卡氏酵母，如今人们将它视为底层发酵酵母的始祖，广泛应用于全世界的啤酒之中。

现在的丹麦可以称得上是酿酒业创新的发动机，尤其多亏了著名的“吉卜赛酿酒师”（没有自己的酿酒场所而在其他酿酒坊制作啤酒的酿酒者）麦克尔· 博格·布杰尔格（Mikkel Borg Bjergs）。他造就了麦克尔牌啤酒（Mikkeller brand），撼动了丹麦传统酿酒方式的地位，改变了曾经一潭死水的酿酒业。

他与其他酿酒师（有的有自己的酿酒坊，有的没有）让丹麦啤酒运动重焕青春，如艾美格（Amager）的“此地啤酒”（Beer Here），而麦克尔（Mikkel）的双胞胎兄弟捷普（Jeppe）则创立了“双面恶魔”（Evil Twin，现在总部位于美国布鲁克林）。他们大胆地使用了世界各地的啤酒花，配以特殊的谷物，并在木质容器中进行熟化，这就开辟出了许多酿酒新路径。当然了，为了立足于市场，营销推广十分重要，特别是对于这些没有自己的酿酒坊的人来说。与此同时，营销也能够让这些新型啤酒为大众所知，从而在啤酒市场上赢得一席之地。

从丹麦往北跨越海洋就是挪威了。一个多世纪以来，这里只有工业生产的拉格啤酒，直

到 1989 年，传统的酿造工艺才重生于奥斯陆酒吧（Oslo Mikrobryggeri），为此后许多突破奠定了基础。当今的挪威受美国酿酒创新影响最深，来自费城的酿酒师迈克· 墨菲（Mike Murphy）现在是乐维格·阿克蒂布里盖里（Lervig Aktiebryggeri）的首席酿酒师，住在挪威的斯塔万格（Stavanger）。此前，他的个人风格影响了意大利和丹麦的酿酒工艺。

德拉门（Drammen）的哈安德布里格瑞特（Haandbryggeriet）和格里姆斯塔（Grimstad）的诺吉（Nøgne Ø）等酿酒师也为当地的酿造业增添了一份活力。他们与其他酿酒师合作，参与世界各地的集市盛会（虽然其中大多数规模不大，但媒体曝光率很高），并将自己最好的产品大量出口，让挪威的酿酒创新闻名于世。不过最重要的是，他们用自己芬芳诱人的啤酒震撼了当地的啤酒市场，那些市场曾一度充斥着平庸寡淡的啤酒，人们变得有些麻木了。值得一提的是，在短短不到十年之间，诺吉酿造了 100 多种不同的啤酒。而与此同时，哈安德布里格瑞特生产的新型啤酒也达到了 70 种。

由于纬度高，啤酒花难以生长在挪威海岸的峡湾地区，所以酿酒师必须从国外进口啤酒花。某种程度上这也解释了为什么酿酒师会肆意使用来自北美和澳大拉西亚（Australasia）的啤酒花，并混合当地出产的原料，比如某些谷物（例如黑麦）、浆果，以及本地水果等来生产一些特殊啤酒。但正是由于他们对源起英美的印式淡拉格啤酒的重新解读，挪威啤酒才得以自成一派，那些在碎麦芽中添加了黑麦麦芽的啤酒尤为突出。同时，在小酿酒坊中使用木桶熟化啤酒也成为一种惯例。

波罗的海波特啤酒

制法：底部发酵
类别：波特啤酒
风格：波罗的海波特啤酒
原产地：波罗的海国家

这种深色啤酒介于烈性波特啤酒（Robust Porter）和俄罗斯皇家烈性黑啤酒之间。此类啤酒风格可以追溯到19世纪的英式波特啤酒贸易，当时的英式波特啤酒是一种在波罗的海沿岸国家和俄国都非常受欢迎的麦芽酒。今天的波罗的海波特啤酒就源于那个时期，可能与过去的波特啤酒更为相似。它重新诠释了今天的英式棕色波特啤酒（English Brown Porter），不过与之相比，它稍烈，而且更为浓郁。

酿 造

波罗的海波特啤酒主要出产于波罗的海地区，而非英国，它与英式波特啤酒最大的不同之处在于运用了底部发酵酵母，因此这种啤酒不属于艾尔啤酒，而应该算是拉格啤酒（尽管确实也有一些是顶部发酵，但在发酵过程中温度极低）。

为确保其口感不会以烘烤味为主，酿酒师选用了除去苦味的现代黑麦芽（与酿造德国黑啤酒相似）和大量的慕尼黑麦芽、维也纳麦芽，并伴以一些水晶麦芽。

特 征

此类啤酒颜色介于深铜色和褐色之间，但从不会呈现黑色。它的泡沫是卡布奇诺咖啡色的，丰厚而持久。波罗的海波特啤酒不像俄罗斯皇家烈性黑啤酒，它没有那种浓郁的烘焙咖啡香味，但是与英式布朗波特啤酒类似，它的麦芽风味极浓，并伴有诱人的果香（葡萄、黑莓和黑加仑）和精致的酒精味。

一开始其口味偏甜，之后因为黑麦芽味道的出现得到了平衡，并逐渐过渡到醇厚的余味，咖啡味和甘草味又进一步加强了这种口感。它的酒体饱满丰富，这是因为高度的碳化而有所减轻。

酒精含量：5.5%—9.5%
搭 配：烤肉和熏菜。

黑麦印度淡啤酒

制法：顶部发酵

类别：待定

风格：黑麦印度淡啤酒（尚未确定）

原产地：美国

此类啤酒还没有得到官方认证，是通过在印度淡啤酒中添加一味非常特殊的原料——黑麦而制成的。黑麦这种朴素的乡村谷物并没有大麦那么出名，大多用于制作世界各地的特色食品，比如黑麦面包、黑麦威士忌、罗根啤酒（Roggenbier）以及独具特色的芬兰萨蒂（Finnish Sahti）等巴伐利亚地区的传统黑麦啤酒。不过，新型黑麦印度淡啤酒（Rye IPA，有时为了便于发音记作 Rye PA）可不能和这些啤酒混为一谈。

黑麦印度淡啤酒大获成功。起初这种啤酒只在美国销售，那时小型酿酒坊“熊族共和国”（Bear Republic）酿造出了“啤酒花枝黑麦”（Hop Rod Rye，一种含有大量黑麦麦芽的帝国印度淡啤酒），它在 21 世纪的头十年赢得了不少正式比赛的奖项。

很快，前卫的斯堪的纳维亚酿酒师也开始尝试酿制这类啤酒并取得了成功。这也是我们将此类啤酒列在丹麦和挪威这一章节的原因。

黑麦印度淡啤酒中，黑麦所带来的辛辣和简朴的复合滋味进一步加深了美式印度淡啤酒的特性，同时也为余味增添了一份干涩的口感。

酒精含量： 6%—8%

烟熏啤酒和木桶熟化啤酒

传说，班贝克大教堂（Bamberg Cathedral）发生了火灾，隔壁酿酒作坊的麦芽储藏室也充满了浓烟，但酿酒师没有在意，还是用这些经过烟熏的麦芽酿制了三月啤酒（Märzen）。品尝这些啤酒时，人们惊异地发现它有了烟的味道，不过很幸运，顾客们都非常喜欢这种口感，班贝克烟熏啤酒（Bamberg Rauchbiers）就这样诞生了。不管这个故事是真是假，弗兰肯（中世纪早期德意志五大公国）的烟熏啤酒确实和当年建造的班贝克大教堂一样流传至今。这类啤酒特色鲜明，各有不同。大多数烟熏啤酒颜色介于金色和褐色之间，差别较大；它们酒体中等，碳化程度中等偏高，酒精含量在 4.8%—6% 不等。其特别的烟熏味的浓淡取决于烟熏麦芽（Rauch）在碎麦芽之中的含量（可能仅占 20%，也可能达到 100%）。烟熏啤酒中焦糖和烘焙的香味程度不一，有的甚至还有几丝啤酒花的草本味道，也有一些烟熏啤酒口感以啤酒花的草本滋味为主。唯一能够确定的就是酵母了：弗兰肯所有的烟熏啤酒都是底层发酵的。

但是实际上，当你在弗兰肯街头漫步时，你会发现许许多多的烟熏啤酒并不符合以上参数。它们的烟熏味或高或低，酒体或单薄或丰盈。换句话说，《啤酒纯净法》废止之后，弗兰肯这一地区的酿酒师都以自己的方式酿造啤酒，他们从底部发酵啤酒入手，如博克啤酒、小麦啤酒（Hefe-Weizen）、黑啤酒（Dunkel）、施瓦茨啤酒（Schwarz）、杜特博克啤酒和淡啤酒，将它们转化为烟熏啤酒。

距离东普鲁士的德国边境不远处，我们可以找到格罗济斯克啤酒（波兰语名字为 Grodziskie，德语名字为 Grätzer），这类啤酒是通过燃烧橡木熏烤麦芽后酿造成的。在格罗济斯克城内（Grodzisk，即德语 Grätz），最后一家酿制这类特殊啤酒的酿酒坊停业了，并被喜力集团（Heineken Group）的一位酿酒师接手。啤酒爱好者通过考古研究设法找到了当年那种酵母的细胞，从而使得格罗济斯克啤酒这种实际上已经灭绝了的历史性啤酒重获新生，再次出现在荷兰和德国。现在在美国也可以找到格罗济斯克啤酒。一开始这种啤酒只有两类，其中一类酒精含量更高，在新的税收政策生效时，它就演化成了酒精含量较低的版本。

烟熏啤酒的酒香和口感中一定都有烟熏风味，但是这类啤酒没有固定的颜色，既可以是清亮的，也可以是琥珀色的，甚至可以是深色的。

其他国家的酿酒者一方面受到了德国酿酒传统的启发，另一方面出于自身的创造力，也开始酿制烟熏啤酒。他们通过燃烧当地的木材，甚至是燃烧泥煤来熏烤麦芽，向已有的啤酒，如波特啤酒、烈性波特啤酒等添加这种烟熏麦芽，从而酿制出烟熏啤酒。广义的啤酒类别也包括了由清啤酒、小麦博克啤酒及其他啤酒酿成的德国烟熏啤酒。因此，在酒精含量、颜色、酒体和含气量方面并没有规范限制。唯一的条件就是必须要用烟熏工艺，而烟熏麦芽的类型则会决定啤酒的口感和香味。

尽管烟熏啤酒这一大类别之下已经包含了很多不同的啤酒，但有一种啤酒类别可能比烟熏啤酒还要丰富，那就是木桶熟化啤酒。木桶一般是过去用于熟化啤酒的工具，现在已经逐渐被不锈钢容器所取代。但在比利时，确切地说是在弗兰德斯地区，所有自然发酵的啤酒都在木桶中熟化。不过，如今已经有许多酿酒师重新开始使用木桶来为自己的啤酒增添一份特色。啤酒在木桶中放置一段时间之后，会发生一些变化（有时会因为氧化反应颜色变深），许多这类啤酒都已有了自己的商标。

此类啤酒中常有香草味、烤面包味、焦糖味、杏仁味、可可豆味或者咖啡味，但是之前使用过的木桶（用于波特酒、雪利酒、红酒、白葡萄酒、朗姆酒、苏格兰威士忌、爱尔兰威士忌、波旁威士忌等）会引入其他风味，并改变啤酒原有的触感（酒体和干性方面）。有时这类啤酒还会微微发酸，有乳酸和醋酸的味道，但不会出现明显的单宁酸味，这是野生酵母作用的结果。啤酒的口感取决于酿酒者的选择和个人口味偏好，但最重要的还是看自然“母亲”（以及熟化时间和木桶材质）决定赋予这种啤酒怎样的滋味。美国是规模最大的制作木桶熟化啤酒的国家，因为这里的酿酒师有宽敞的储藏室和充足的木桶供应。意大利在这方面也表现不俗，酿酒者常常可以从邻近而且熟识的葡萄酒庄园那里得到木桶。事实上，许多酿酒坊所用的木桶来自多种渠道，甚至还包括了曾经用于储藏香脂酸（Balsamic Acid）、圣酒（Vin Santo）、格拉巴酒（Grappa）和其他烈酒的木桶。

一些木桶熟化啤酒在酒香酵母等微生物的作用之下，泡腾程度较高。

家庭手工啤酒

制法：自定
类别：自定
风格：自定
原产地：你家

在自己家酿酒不仅是可以实现的愿望，而且是件非常有意思的事情！

只需几件简单的工具、一些有关酿制工序的知识和想要尝试家庭酿酒的强烈愿望，你就可以在家亲手酿造任何风格的啤酒。不过，仅有以上这些还不够，想要酿造出成功的啤酒，你还需要全心投入，多加练习。毫无疑问，即使成品不够完美，品尝或者和朋友分享自己酿制的啤酒这件事就足以让人心满意足了。

经过简单的准备，处理好加入啤酒花的麦精之后，就可以进入发酵环节了。准备工作非常简单，就是把其他酿酒师的工作成果集合起来。那些酿酒师已经准备好了常规的大麦麦芽汁，并加入了啤酒花使之具有苦味。通过长时间煮沸麦芽汁，他们以蒸发的方式除去了其中所有的水分。因此家庭酿酒新手所要做的就是加水溶解容器中的所有成分，然后加入特别处理过的酵母，之后就像我们提到过的那样，只用等酵母发挥作用，就能酿成啤酒了。

对于不喜欢浓缩液的家庭酿酒师来说，还有一种谷物酿造法，其使用的谷物需要经过碾磨、捣碎、过滤、煮沸、加入啤酒花，以及最终的发酵工序。这个过程和酿酒的传统方法一模一样，需要投入更多的时间和精力，也需要更大的空间。但是这种酿造方式能够让酿造者进行选择，并控制酿造过程的每一处细节。

如今几乎所有国家都有许多网站销售家庭酿酒所需的用品，它们往往也会为专业的小酿酒坊提供材料。因此，你可以从这些网站上得到优质原料、基础乃至高级的设备，以及关于家庭酿酒技巧的手册和书籍，换句话说，你能够从网上得到所需要的一切。此外还有一些全国家庭酿酒协会和运动组织，酿酒爱好者也会组织聚会、研讨会和口感指导培训。为了增加竞争性，他们也会举办重要的比赛，家庭酿酒师们可以用自己的作品参赛以检验自己的酿酒技艺。

千万不要以为知道怎样在家酿酒就可以建立专业的酿酒作坊了，正如每个人都知道怎么烹饪，但并不是所有的人都是优秀的大厨呀！

约翰·罗杰瑞主厨的

二十四道食谱

啤酒配美食

想要为一种啤酒找到合适的配菜，有必要对菜肴和啤酒的特性都有所了解。要记住，我们的目标是要实现味觉的和谐，这一目标可以通过两者口感的对比（如甜与苦）或是口感的统一（如甜与甜搭配，苦与苦搭配）来达成。

要牢记一点，那就是啤酒与菜肴之间的差异不能太大。

例如，用非常苦的啤酒搭配非常甜的菜就绝不是个好主意，这两者之间的差距实在太大了，根本不可能相互平衡。但是用很甜的啤酒搭配本来就很甜的菜也不合适，因为这样一来口味就太腻了。甜味的啤酒与特定甜度的菜肴搭配是最完美不过的了，如果搭配恰到好处，甚至还可以减少余味中偏甜的口感。

黄金法则就是，口味精致的菜最好配上口感单纯的啤酒，风味鲜明强烈的菜则应该与口感更为丰富的烈性啤酒相配。

除了基本的甜味或者苦味，进行搭配时还需要考虑啤酒的其他特性，比如酒精含量的高低、泡沫的丰富程度、烘烤程度、酸度、涩度及香型。

我们在这里为你提供的是一些简单但很重要的规则，并没有陈述什么理论，这些规则能够帮助你在进行搭配时不那么慌张，从而鼓励你去尝试。记住，实践无疑是学习的最好方式，最伟大的发现都出现于意料之外！你完全可以放松一些，因为即使食物与啤酒搭配不当，也不会影响健康，更不会糟蹋了好酒和美食。如果你喝了一口啤酒、吃了一口食物之后，发现它们并不适合一起食用，那么你还是可以分别享用它们的。

最常见的搭配

啤酒花的苦涩口感可以平衡食物的丰厚滋味（有助于清口）和甜菜的口味。通常啤酒花的苦味会加重辛辣的味道，与苦味食物搭配极佳。

甜味啤酒会与苦味、酸味和辣味的食物形成味觉上的对比。

酸味可以平衡菜肴丰厚与油腻的口感。

烘焙麦芽的味道与烟熏味相合，但会与甜味形成对比。

酒精与油腻口感形成对比，酒精还会增强辣味。

推荐搭配：波特酒

皮埃蒙特生鱼片
配有萝卜苗的法松那牛肉
及波特啤酒奶油

4 人份

330 克的切边片状法松那牛肉

300 毫升波特啤酒

8 克鱼胶片

1 小袋发泡粉

1 小碗萝卜苗

特级初榨橄榄油

盐

白葡萄酒醋

准 备

想要制作奶油，首先要将鱼胶片置于带有冰块的冷水之中，浸泡大约 10 分钟。然后，将其倒入平底锅，以低温加热 1 分钟，与此同时，用搅拌器搅拌直至鱼胶片完全溶解。保持较低热度，再将少许波特啤酒倒入融化了的鱼胶片中，随后加入剩余的啤酒，将其放入冰箱，冷藏 12 小时。次日，放入搅拌器进行搅拌，直至出现丰富的奶油和泡沫，再将其置于冰箱储藏。

要除去牛肉上的所有肥肉。将它们切成条，每条约 3 毫米厚，再将它们摆放于金属盘中，加上少许橄榄油和盐进行调味。

用剪刀将萝卜苗的底部除去，将剩下的部分放在冷水中浸泡几分钟，除去多余水分之后用橄榄油、盐和白葡萄酒醋调味。

接下来就可以开始摆盘了。先将奶油涂于盘底，然后用手指在奶油上洒一些发泡粉，再将法松那牛肉放在上面，最后放上已调好味的萝卜苗，对萝卜苗的调味不能太重，以免遮掩了它本身的辛辣味。

推荐搭配：苦艾尔啤酒

面糊香煎鳕鱼配
糊状艾尔醋油沙司
和野菜沙拉

4 人份
400 克新鲜鳕鱼
150 克米粉
50 克普通或者中筋面粉
500 毫升冷藏苏打水
100 毫升苦艾尔啤酒
200 毫升特级初榨橄榄油
15 克酿酒酵母
250 克野菜沙拉（红色或者绿色的小叶子）
花生油
盐和胡椒

准 备

将橄榄油、苦艾尔啤酒和盐混合搅拌，制成醋油沙司，手动搅拌直至乳化。

去除鳕鱼的主刺，将其切片，每片约 6 厘米大小。

将米粉和中筋面粉混合以制成面糊。在少量水中加入酵母，进行搅拌。

从冰箱中取出苏打水，要非常冰而且刚刚开封的那种，将它加入面糊，然后手动搅拌直到它成为浓厚的奶油状混合物。可以用一片鳕鱼片蘸一下，如果面糊没有立刻滴下来，那么它就成功了。然后油炸蘸了面糊的鳕鱼片，直到表层的面糊变得又酥又脆，一定要注意不要炸过头，别让面糊变成棕色——必须得保持白色才行。

装盘时，将用醋油沙司拌好的野菜沙拉置于盘底，然后再放上裹了面糊炸好的鳕鱼片。

推荐搭配：巴伐利亚小麦啤酒

巴伐利亚小麦啤酒烹制里脊肉、大麦、卷心菜和孜然

4 人份
1 份里脊肉
300 毫升巴伐利亚小麦啤酒
3 克孜然 330 克卷心菜
100 克大麦
特级初榨橄榄油
白葡萄酒醋
盐和胡椒

准 备

先用里脊制作火腿，制作火腿首先要将平底锅烧热至 65℃，将里脊肉中的肥肉除去，用盐和胡椒调味，并用橄榄油对里脊肉进行揉搓，使其完全吸收调料。然后用极热的不粘锅煎炸里脊肉，再将炸好的里脊肉放入热啤酒里浸泡，用恒温烹制 50 分钟。之后取出里脊肉放入盘中，置于冰箱冷藏。

至于大麦这部分，需要将盐水煮开，放入大麦并按照包装上指示的时间烹调。之后用饼干模具将煮好的大麦塑形，做成碟状物，厚度为 2 厘米即可。再用盐和未经过滤的特级初榨橄榄油对其进行调味。

将卷心菜切成细长条，用特级初榨橄榄油、白葡萄酒醋、盐和孜然进行调味，孜然要提前在咖啡研磨机里磨成粉状。将切好了并且调味完成的卷心菜放在盘子里。再把火腿切成薄片，摆放在卷心菜上，用大麦拼成花瓣的形状。

推荐搭配：比利时艾尔啤酒

用比利时艾尔啤酒烹调的琥珀鱼鱼片配以稍稍蒸过的蔬菜

4 人份
1 份 700 克的琥珀鱼
500 毫升比利时艾尔啤酒
4 个新鲜的西葫芦
4 个新鲜的胡萝卜
1 把新鲜的啤酒花
特级初榨橄榄油
盐和胡椒

准 备

将琥珀鱼切片，用小镊子除去鱼骨。用灵巧的小刀剔掉鱼皮，并将鱼片分成 4 人份。

将啤酒煮开，然后关掉热源。放置 5 分钟后，将鱼片放入啤酒内，再等待 8 分钟。之后，小心地把鱼片弄干，注意不要破坏了它们的形状。

与此同时，将蔬菜洗干净。用曼陀林（Mandolin）将蔬菜切成条状，每条 2 毫米厚。将切好的蔬菜放入蒸笼蒸 4 分钟，之后用橄榄油、盐和胡椒进行调味。

摆盘时先将蔬菜摆放在盘底，根据颜色交错摆放，再把鱼片放在蔬菜上面。室温状态下即可上菜。

推荐搭配：清啤酒

金枪鱼、兔肉
搭配时令蔬菜
及清啤酒果冻

4 人份

4 只兔腿

1 个西葫芦、1 个球茎茴香

半份红色柿子椒和半份黄色柿子椒

2 条芹菜茎、1 个胡萝卜

2 个白洋葱、4 个豌豆荚

1 把新鲜龙蒿、8 片鱼胶片

1 升清啤酒

1 把曲叶欧芹

特级初榨橄榄油

红酒醋、盐和胡椒

准 备

用盐和胡椒腌一下兔腿，使其变为褐色。将胡萝卜、1 根欧芹和 1 个洋葱切成块状，然后将它们放入高边烤盘烤至棕色。将兔腿放入混合的蔬菜之中，加入一半黄油搅拌一下，然后用 150℃的温度焙烤 1.5 小时左右。

与此同时，将剩下的蔬菜洗干净，并切成菱形，约 2—3 厘米长。将蔬菜分开烹调，将其放入特级初榨橄榄油中用高温烹制，变为棕色立即加入少许水继续烹制，直到水全部蒸发。完成这一步骤之后，取出平底锅中的兔腿，等待几分钟后将兔肉从兔腿上剔下来，切成丝。把切好的兔肉和蔬菜混合在一起，将烹调所用的水全部倒入平底锅。再把事先在冷水里软化了的鱼胶片放入剩下的清啤酒中，搅拌几下直到鱼胶片完全溶解。将这一混合液体倒入放置着兔肉和蔬菜的碟子里，使这些混合物的表面平滑一些。将它们放入冰箱冷藏至少 1 小时。再将龙蒿和欧芹分别切块。最后用特级初榨橄榄油、盐、胡椒、欧芹、龙蒿和少许红酒醋对果冻进行调味。室温之下即可上菜。

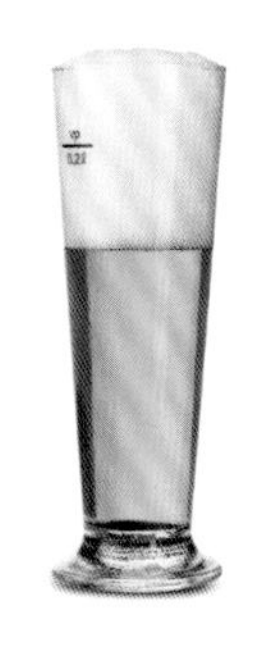

推荐搭配：烟熏啤酒

烟熏啤酒烹制熏猪肉香肠
配以甜味或酸味沙司调制的时令蔬菜

4 人份
150 克新鲜白洋葱
150 克茴香
150 克红柿椒
150 克黄柿椒
150 克花椰菜
150 克胡萝卜
400 克白糖
1 升白葡萄酒醋
40 克盐
380 克熏猪肉香肠
1 升烟熏啤酒

准 备

将啤酒与 2 升水混合煮沸，将熏猪肉香肠放入其中，烹制 1.5 小时。

与此同时，洗干净蔬菜并把它们切成块状。然后将蔬菜放入白葡萄酒醋中，加上白糖和盐，一起烹制直到蒸发剩下的醋黏稠度和口感柔滑的糖浆一样，但是不必比蜂蜜还浓稠。将处理好的香肠切成 3 厘米厚的香肠片，除去香肠的表皮。

上菜之前把香肠片放在蔬菜之上即可。

推荐搭配：三料啤酒

三料啤酒烹制意大利调味饭

4 人份
400 克意大利维阿龙圆米
200 克帕马森干酪
90 克黄油
2 升三料啤酒
1 把萝卜芽
特级初榨橄榄油
盐和胡椒

准 备

将三料啤酒倒入锅中煮沸，从中分出来 3/4 杯和 200 毫升放在一旁。

用特级初榨橄榄油和盐炒意大利维阿龙圆米，待米粒非常烫了之后，加入三料啤酒继续炒 12 分钟，并不断翻炒、搅拌米粒。

这一步骤完成后，再加入黄油帕马森干酪和少许磨碎的胡椒，并将之前分出来的啤酒加进去。继续烹制米饭，搅拌它直至米饭变得细腻柔软。然后用冷水冲洗萝卜苗，用小剪刀将嫩苗剪下。

将做好的意大利调味饭放入盘中，用萝卜苗稍加装饰之后就可以上菜了。

推荐搭配：烈性黑啤酒

烈性黑啤酒烹制意大利面
配以浓缩虾汁

4 人份
500 克杜兰小麦粉
180 毫升烈性黑啤酒
4 毫升干邑白兰地
1.5 千克活虾
1 个洋葱
20 克番茄酱
200 毫升白葡萄酒
1 根芹菜
1 瓣大蒜
1 把新鲜的牛至叶

准 备

制作意大利面，首先需要将面粉和啤酒放入碗中，揉捏成湿润而均匀的面团。然后将面团放入制作新鲜意面的机器里，制成意大利细面条，长度约为 15 厘米即可。如果没有压面机，也可以将现成意面放入加了水的啤酒里（啤酒约为 4 杯或 1 升）。

将虾清洗干净，除去虾壳和虾头，把剩下的部分放入锅里，再加入少许橄榄油、洋葱、未剥皮的大蒜、芹菜、番茄酱及干邑白兰地。之后加入冷水用文火炖，直到汤只剩 1/3，然后用细密的滤网过滤汤汁，将其倒入另一个锅中。

烹制意面，将虾切成小块。意面做好了之后，将其放入浓缩汤汁中，加入生虾和特级初榨橄榄油。最后用一些新鲜牛至叶装饰一下，就可以上桌了。

推荐搭配：手工精酿啤酒

红土豆小团子
配大麦芽
放在有豆芽的鱼汤中

4 人份
2 千克红土豆、3 个鸡蛋黄
70 克大麦芽、20 克盐
70 克磨碎的帕马森奶酪
300 克普通或中筋面粉
1 千克蛤蜊、1 千克贻贝
500 克鸟蛤
1 条海鲷，约 330 克
1 把欧芹、1 碗拌豆芽
3/4 杯及 5 汤匙白葡萄酒
100 克番茄酱
特级初榨橄榄油、盐和胡椒

准 备

将未去皮的土豆放入锅中煮，同时准备蛋黄、盐、帕玛森奶酪、大麦芽和面粉，将它们分开放置。土豆煮好后，趁热快速去皮，并放入工作台上的搅拌机中捣碎，等待冷却。然后向其中加入蛋黄、麦芽、盐和帕玛森奶酪，最后再加入面粉。迅速地揉捏面团使其不会太稀，和好面之后将它切成片状，在平面上滚一滚，使面片形成一个个长条圆柱。之后将这些圆柱切成 2 厘米长的片状，并将它们包成汤团。然后，把包好的汤团放在垫有烘烤纸的托盘上，放入冰箱，并确保它们没有黏在一起。

做汤首先要洗干净海鲷，还需要将蛤蜊和鸟蛤放入盐水里泡一泡，并将贻贝的须除去。用特级初榨橄榄油一起煎炸这些贝类和欧芹茎 3 分钟，之后把它们倒入白葡萄酒里，加入番茄酱和整条海鲷，然后再加冷水用小火慢炖。当汤熬到只剩一半时，用细滤网将其过滤。在另一个锅里用盐水烹制小团子，做好之后倒掉水，直接放入盘中。然后将做好的鱼汤淋在上面，点上一些生特级初榨橄榄油，最后配上洗好了的豆芽即可。

推荐搭配：美式淡艾尔啤酒

兔肉酱意大利干面
配以美式淡艾尔啤酒
和清炒啤酒花

4 人份

500 克普通或中筋面粉

15 个鸡蛋黄

1 根芹菜

1 个胡萝卜

1 个白洋葱

40 克番茄酱

500 克切碎的兔肉酱

500 毫升美式淡艾尔啤酒

1 把新鲜的啤酒花

特级初榨橄榄油

盐和胡椒

准 备

制作意大利面，首先要将面粉倒在揉面板上，加入蛋黄并不断揉捏使面团紧实、光滑而柔韧。将和好的面团切成片状，再用擀面杖制成一片片 1 毫米厚的薄片。将薄片展开，切成不足 5 毫米宽的面条，再把它们合成一股，放入撒了面粉的碗里，一起置于冰箱保存。

把啤酒花洗干净后晾干，放入冰箱。

将切好的洋葱、芹菜和胡萝卜放入锅里，用少许橄榄油微微湿润一下，再加入肉继续烹制。等到颜色变为棕色之后，加入啤酒、番茄汁、盐和胡椒，接着烹制 1 小时。

烧开一锅盐水，用它煮意大利干面条，3 分钟后面条出锅，配上酱料拌一拌。

上菜前，用少许特级初榨橄榄油和盐大火清炒啤酒花 2 分钟，然后将啤酒花加入菜里即可。

粗切意大利面
配大麦芽、生奶酪
及波罗的海波特啤酒

4 人份
500 克普通或中筋面粉
100 克大麦芽糖浆
3 个鸡蛋
200 克奶酪
330 毫升波罗的海波特啤酒
50 克黄油
盐和胡椒

准 备

制作意大利面，首先要将面粉倒在揉面板上，再加入鸡蛋和麦芽，然后不断揉捏以使面团平滑紧实。再将和好的面团切成片状，用细擀面杖将面片做成 1 毫米的薄片。将这些薄面片切成不规则的条状，正如它的名字——粗切意大利面。

将黄油放入砂锅里加热，加入啤酒后将火候调至最大。手臂用力不断搅拌融化了的黄油和啤酒，制成浓汤。再烧开一锅盐水，放入意大利面烹制 4 分钟，然后倒出盐水，加入啤酒和黄油浓汤搅拌。完成之后，将意大利面装盘，再撒上之前磨碎的奶酪即可。

推荐搭配：双料啤酒

意式芝士锅贴
配以双料啤酒果冻
及黄油和鼠尾草

4 人份
300 克 2 号普通面粉
200 克杜兰小麦粉
18 个鸡蛋黄
300 克意大利果仁味羊奶干酪
300 毫升牛奶
5 克琼脂
500 毫升双料啤酒
100 克黄油
鼠尾草、盐和胡椒

准 备

将羊奶干酪切成小块，放入一碗牛奶中，浸泡 2 小时以上，然后把干酪放入双层蒸锅让其融化，并不断搅动。之后，用浸入式搅拌器搅拌混合物使其柔顺平滑。再把混合物放入塑料袋，等待它冷却，冷却后浓缩乳液就制成了。

把啤酒倒入砂锅，加入琼脂，趁着温度尚低用搅拌器进行搅拌，然后加热砂锅并继续搅拌，啤酒煮沸后立即关火，把砂锅放入冰箱冷却。用搅拌器搅拌明胶，以制成和果酱一样黏稠、均匀的奶油。完成后将混合物放入塑料袋，置于冰箱保存。

制作意面则需要将面粉和小麦粉混合，倒在揉面板上堆成一堆。然后加入蛋黄搅拌，使面团紧致、柔韧而平滑。将面团切成片状，并用细擀面杖制成 1 毫米厚的薄片。然后将少量啤酒果冻和奶酪放在面片上，再用另一片意面盖在上面，湿润一下两层面片，让它们能够粘合起来。完成后用起酥轮刀切一下，做成锅贴。将锅贴放入盐水中煮 4 分钟，再放进加了盐的黄油中。黄油是之前在碗里融化好了的，鼠尾草也在里面蘸了蘸变成了棕色。将做好的锅贴放在扁平的盘子里，趁它还热气腾腾，赶紧上菜吧。

推荐搭配：淡啤酒

煎炸鱿鱼
配清啤酒、甜豆
及啤酒香醋色拉调味汁制成的浓汤

4 人份
4 只鱿鱼，每只约 200 克
400 克甜豌豆
100 毫升清啤酒
100 毫升特级初榨橄榄油
20 毫升红酒醋
7 克木薯粉
盐和胡椒

准 备

将啤酒和木薯粉倒入锅中，文火慢炖并不断用搅拌器搅拌。等到汤汁变浓以后，将它放入冰箱冷却。使用浸入式搅拌器，乳化橄榄油、冷却后的啤酒汤汁、盐、胡椒和醋，以制成香醋色拉调味汁。把甜豌豆放入盐水泡 4 分钟，然后将甜豌豆加入之前做好的调味汁里。

将鱿鱼切成两半，除去表皮和内脏，用小刀在鱿鱼上划出一条条细缝，形成角度适当的网格。在这一过程中，注意不要刺穿了鱿鱼。这个步骤可以使鱿鱼变软，完成之后品尝起来会更加酥脆。洗干净鱿鱼，待干后加入盐，并用橄榄油调味。然后将处理好的鱿鱼放在烧热的锅里煎炸 5—7 分钟。

摆盘时，用甜豌豆搭配鱿鱼，再用几滴香醋色拉调味汁装饰一下即可。

推荐搭配：印度淡啤酒

烤仔鸡
配印度淡啤酒和土豆
及辣酱油

4 人份
4 只仔鸡，每只重约 500 克
500 毫升印度淡啤酒
600 克土豆
100 克新鲜番茄
30 克新鲜红辣椒
1 把山萝卜、3 个鸡蛋
迷迭香、特级初榨橄榄油
月桂叶、百里香
盐和胡椒

准 备

用盐和胡椒为仔鸡调味，再将它放入有草本香料的啤酒中，浸泡 10 分钟以上。浸泡结束后，将仔鸡晾干，放入不粘锅里炒一下。然后用之前煮沸的啤酒腌汁浇在仔鸡上，将这锅仔鸡放入已经烧热至 190°C 的烤箱中烤 35 分钟。

同时，将辣椒洗净，切好，加上橄榄油及盐，拍打成泥状。放入锅里烹制 4 分钟，再加入洗净切好的番茄，用盐调味。再继续烹制，直到酱汁足够浓厚。

将未去皮的番茄放入盐水中煮一下，煮好之后趁热快速将番茄去皮，然后把它们放入碗中，用土豆搅碎器将它们捣碎，再加入蛋黄加以搅拌，搅拌完成之后调味。搅拌蛋白使它们看起来像雪一样，轻轻将其拌进之前的番茄酱汁里，再将它放在铺了羊皮纸的烤盘上。用手微微蘸一些橄榄油，将混合酱汁铺展开，厚度约为 5 毫米。然后将它放入烤箱以 180°C 的温度烤 15 分钟。

取出土豆软曲奇，将它切成边长 8 厘米的正方形。把辣酱涂在上面，制成 lasagnette（宽片状意大利面），将它们交叠放置，用迷迭香叶加以装饰。将仔鸡和土豆摆放在一起，饰以百里香叶。

推荐搭配：法国覆盆子白兰地酒

浆汁猪肘
配以小红果、几滴覆盆子啤酒
及奶油土豆

4 人份
2 只竖切为两半的猪肘
1 根芹菜、1 个胡萝卜、1 个白洋葱
300 毫升白葡萄酒
1 把包括了月桂、迷迭香、百里香和鼠尾草的草本植物
1 碗覆盆子、1 碗黑莓、1 碗蓝莓
200 毫升的覆盆子啤酒
5 克木薯粉
1 千克黄土豆
300 毫升新鲜奶油
40 克黄油
特级初榨橄榄油
盐和胡椒

准 备

将芹菜、胡萝卜和洋葱洗净去皮，切成块状，在耐热锅中用橄榄油和盐炸一下。用盐和胡椒腌制猪肘，将白葡萄酒、之前洗干净了的小红果倒入不粘锅，然后把猪肘放进去炒一下。炒好之后，把之前做好的调味汁倒在猪肘上，加入调味用的草本植物，一起在 180℃ 的烤箱里烤 2 小时。

将啤酒倒入炖锅，加入木薯粉煮沸，用搅拌器快速搅拌，在形成浓汤汁之后放置一旁，等待冷却。

把未去皮的土豆放入盐水里煮熟，倒出盐水，然后去皮，将它们放入锅中捣碎，再加入冰冷的黄油，一起搅拌均匀。然后加入盐、冷奶油进行加热，在这一过程中不断搅拌，做出混合土豆泥。完成之后，从烤箱里取出猪肘，放在上菜用的盘子上。

把酱汁浇在猪肘上，加上捣碎的土豆，再用几滴覆盆子啤酒和木薯酱汁稍加装饰即可。

推荐搭配：布兰奇啤酒

羊鱼片
配土豆泥和布兰奇啤酒
及豆芽和嫩叶

4 人份

12 条羊鱼，约 100 克

500 克黄土豆

300 毫升布兰奇啤酒

1 把芝麻菜

1 把缬草

1 把曲叶松叶苣

1 把卡斯特尔弗兰科菊苣

1 份混合野菜沙拉

1 把菊苣

200 毫升白葡萄酒

特级初榨橄榄油

盐和胡椒

准 备

把土豆放入加盐沸水中煮 45 分钟。

用冷水冲洗一下所有沙拉用到的菜叶，倒出多余的水，将剩下的放入容器，置于冰箱中。将羊鱼去骨切片，用湿纸巾盖住，同样放入冰箱冷藏，到了要用的时候再拿出来。

土豆煮好之后，倒出水，将土豆剥皮后放入搅拌机，加入啤酒、盐和特级初榨橄榄油，搅拌使其细腻柔滑。将橄榄油倒入不粘锅，加热，炒一下已经加了盐的羊鱼片和部分鱼片。煎炒 2 分钟之后，倒入白葡萄酒，继续加热，使其蒸发浓缩，变成奶油般黏稠。

将土豆奶油汤倒入浅底盘，形成约 1 厘米厚的一层。用特级初榨橄榄油和盐调好绿叶蔬菜沙拉的味道，将其放入盘中，最后把羊鱼片和烹调羊鱼片所用的酱汁一起放入盘中即可。

推荐搭配：拉格啤酒

香草包羊羔肉
配以拉格啤酒浓汤
及甜菜奶油

4 人份
2 根羊排
1 把欧芹、百里香和迷迭香
100 克黄油
100 克面包糠
200 毫升拉格啤酒
5 克木薯粉
400 克新鲜甜菜
4 克琼脂
特级初榨橄榄油
盐和胡椒

准 备

将面包糠、黄油、香草和一点点盐混合，制成浓厚而含有少许颗粒的混合物。然后用手挤压，完成后将它放在一张羊皮纸上。取来另一张羊皮纸放在上面，用擀面杖碾平，使其厚度约 3 毫米。之后放入冰箱冷冻使其变硬。

先用盐和胡椒对羊排进行调味，然后放入不粘锅烹制，羊排变为棕色之后放入烤盘。把香草外壳糊在羊排外部，放入烤箱，以 190°C 的温度烤 12 分钟。冲洗，然后放入盐水中泡 2 分钟使其颜色变淡一些，倒出盐水，再将甜菜放入冰水里冷却。冷却完后，取出甜菜加以挤压，把琼脂洒在上面，然后用中孔筛滤一下混合物，再放入炖锅。加热炖锅，不断用搅拌器搅拌混合物，煮沸之后关火，置于冰箱中冷却凝固成果冻。然后，用浸入式搅拌器进行搅拌，使其成为黏稠而极为柔滑的奶油，再加盐调味。

将啤酒和木薯粉倒入炖锅，煮的同时不停搅拌，使其煮好之后成为浓稠的奶油汤。将羊排切成两半，把甜菜奶油倒入盘子，加上几滴啤酒浓汤，最后再把羊排放在上面即可。

推荐搭配：科什啤酒

科什啤酒烹制意式培根配皱叶甘蓝沙拉及大麦芽浓汤

4 人份
400 克新鲜意式培根
1 个皱叶甘蓝
50 克大麦粒
50 克大麦芽糖浆
1 升科什啤酒
特级初榨橄榄油
白葡萄酒醋
盐和胡椒

准 备

将培根切成四片，组成四小块，加盐和胡椒，放入已经预热了的不粘锅里烹制。将肉裹起来，放入炖锅，炖锅里是之前煮沸的啤酒。以极小的火烹制 1 小时。

与此同时，把大麦粒放入 300 毫升的盐水里，煮 10 分钟。然后除去大麦和麦芽的水分，加一些清汤，好好搅拌一下，再倒入另一个炖锅里。将锅置于炉子上煮，使汤蒸发浓缩成浓稠的样子。将培根从啤酒中取出来，放在烤箱中烤 5 分钟，直到培根的肥肉部分烤出油，发出吱吱的声音，但注意不要烤焦了。

把甘蓝切成细条状，洗干净后晾干。加入特级初榨橄榄油、盐、胡椒和白葡萄酒醋拌一拌。把大麦芽浓汤浇在培根上，然后把培根放在沙拉上即可。

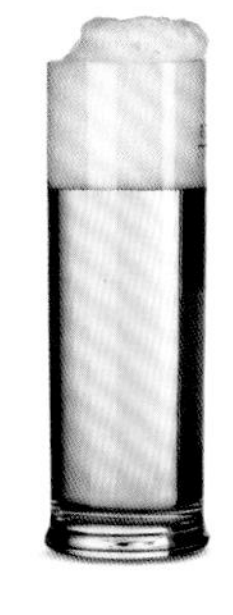

推荐搭配：俄罗斯皇家烈性黑啤酒

俄罗斯皇家烈性黑啤酒烹制
热巧克力馅饼
涂层为 72% 高品质巧克力

4 人份
100 克苦巧克力粉
230 克黄油
300 克糖
4 个鸡蛋
200 克普通或中筋面粉
300 毫升俄罗斯皇家烈性黑啤酒（尽可能用深棕色的）
350 克室温下呈熔体状的 72% 巧克力

准备

制作蛋糕，将黄油和糖放入搅拌器搅拌均匀（至少 15 分钟）。当黄油和空气混合，变得和奶油一样纯白细腻之后加入 1 个鸡蛋，继续搅拌使鸡蛋充分混合，如此反复加入所有鸡蛋。将搅拌器的速度放缓，加入用细筛网筛好的苦巧克力粉，然后把同样经过细致筛选的面粉放进去。当均匀搅拌之后，最后再慢慢倒入啤酒。

把黄油涂在铝合金模具上，然后再涂上糖。将两个模具放在电子厨房秤两端，往两个模具里各放 80 克面团。然后把它们放在托盘里，逐个击打各个玻璃容器的底部，以排出面团中的空气，再放入冰箱。

将烤箱预热至 190℃，将蛋糕放进去，烤制 12 分钟。然后，将蛋糕从烤箱中取出，等待 2 分钟之后，把蛋糕从模具中拿出来，把它们分别放在一个盘子中间。

制作涂层需要用到压面机，将机器设置为 2 毫米厚，把巧克力放进去，以做出可口的面片，然后在每个蛋糕上各放一块作为涂层。建议动作快一些，以免一接触到热腾腾的蛋糕大部分涂层就融化了。

推荐搭配：棕色艾尔啤酒

榛子软曲奇
配以棕色艾尔啤酒泡沫
及水芹

4 人份

曲奇所需原料

2 个鸡蛋

200 克糖

200 克榛子面团

160 克面粉

泡沫所需原料

500 毫升棕色艾尔啤酒

8 克鱼胶片

100 克蔗糖

1 把新鲜水芹

准 备

首先制作曲奇。用电动搅拌器搅拌鸡蛋和糖，使其呈现浅色，蓬松柔软。 加入榛子面团，轻轻搅拌使面团不会完全融解。最后，加入筛选好的面粉，搅拌均匀。在中等大小烤盘里放一张羊皮纸，把黄油涂抹在上面，然后放上面团，铺展开来，形成厚度约 2.5 厘米的一片。把它放入预热好的烤箱里，以 180°C 的温度烤 12 分钟。之后将它取出烤箱，拿出烤盘，切成长方形后在室温下放置，等待其冷却。

制作泡沫，则需要把 100 毫升啤酒和蔗糖放入锅里混合加热，再把之前泡过冷水的鱼胶片放进去，搅一搅使其完全溶解。然后把剩下的啤酒全部倒进去，再将混合液体倒入带有两个氮气气囊的虹吸壶，摇晃 3 分钟以上使其均匀，放入冰箱冷藏。

洗净豆瓣菜，去除水分。摆盘时将曲奇放在每个盘子中央，将啤酒沫喷涂在曲奇上，再加上豆瓣菜芽，为这道菜增添一份辛辣的口感。

推荐搭配：哥塞啤酒

覆盆子汤、
哥塞啤酒格兰尼它冰糕
及焦糖酱

4 人份

汤所需原料

100 毫升槐花蜂蜜

柠檬皮碎屑

6 杯新鲜覆盆子

啤酒冰糕所需原料

200 毫升哥塞啤酒

100 克糖

焦糖酱所需原料

30 克大麦芽

300 克糖

150 毫升水

准 备

制作覆盆子汤，首先需要将覆盆子洗净，然后非常小心地用吸水性良好的纸巾擦干。将它们放入大壶里，加入蜂蜜和柠檬皮碎屑，用浸入式搅拌器搅拌混合。再用带有小孔的厨房用过滤器过滤一下混合物，除去其中所有的籽，倒入另一个容器，然后放入冰箱保存。

至于啤酒冰糕，则需要往啤酒里放些糖，然后用小火慢熬，蒸发到只剩下原来的 1/3 之后，再把它放入烤盘，放进冰箱冷冻。每 20 分钟（共 5 次）用叉子搅拌一下，使其开始凝固后，和格兰尼它冰糕一样黏稠。

制作蔗糖酱，要把 100 毫升的水、糖和麦芽放进碗里混合，然后进行加热。等到蔗糖开始变色之后，关火静置几秒钟，再加入剩下的水。小心地混合后放入冰箱冰冻几分钟即可。

等到要上菜时，将覆盆子汤分为 4 份，分别放进四个深碗里，再加入格兰尼它冰糕，最后用勺子舀一些蔗糖酱，滴少许在盘子上就可以了。

推荐搭配：美式拉格啤酒

美式拉格啤酒和薄荷果冻
配草莓生姜萨尔萨辣酱

4 人份

果冻所需原料

600 毫升美式拉格啤酒

300 克蔗糖

15 片鱼胶片

150 克新鲜薄荷叶

萨尔萨辣酱所需原料

200 克草莓

20 克新鲜生姜

100 克糖

少许柠檬皮

准 备

制作果冻，需要将鱼胶片放入带有少许冰块的冷水中浸泡 10 分钟。将一半啤酒倒入锅中，放入蔗糖并加热，沸腾后关火，放入榨过的鱼胶片等待其融化，然后加入薄荷叶。在室温下静置泡 20 分钟，之后再加入剩下的啤酒加以混合。

把一些小金属杯放在装有冰和少许水的烤盘里，摆好。然后将之前混合的液体倒入每个金属杯，约达到 2 厘米高度即可，再把薄荷叶竖着插进各个杯子。在凝胶凝固定型之前要保持薄荷叶一直处于直立的状态，凝固之后，加上一些切成丝的薄荷，再倒入一些混合液体，约增多 2 厘米高度，同样也要保持薄荷叶竖立，不会完全浸没在凝胶里。之后，将这些小杯子放入冰箱，冷藏至少 2 小时。如果您的条件允许，可以提前一天做好果冻，这样其黏稠度才会刚刚好。

制作草莓生姜辣酱，则要先把草莓和糖混合在一起搅拌一下，再加入生姜和柠檬皮。然后用细滤网过滤掉混合物里的籽。

上菜时，将一小碟萨尔萨辣酱放在盘子中央，然后从模具中取出带有薄荷叶的啤酒果冻，放在辣酱上即可。

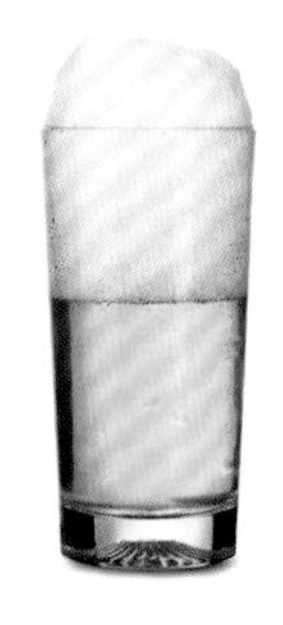

推荐搭配：大麦啤酒

大麦啤酒冰淇淋
配大麦芽冰淇淋
及酸橙

4 人份

大麦啤酒冰淇淋所需原料

400 克奶油

200 毫升牛奶

300 克糖

100 克葡萄糖

300 毫升大麦啤酒

1 个颜色非常青的酸橙

大麦芽冰淇淋所需原料

300 克新鲜奶油

300 毫升新鲜全脂牛奶

200 克糖、50 克野花蜂蜜

150 克大麦芽

准 备

制作大麦啤酒冰淇淋，要把啤酒、糖和葡萄糖混合在一起然后加热，等到蒸发浓缩只剩一半时，将啤酒倒入牛奶中，加热至 85°C。之后，加入奶油，放入冰箱冷藏。将制作好的冰淇淋原料放入冰淇淋机，以做出黏稠度适当的冰淇淋，确保其温度处于 -6°—-8°C。

制作大麦芽冰淇淋，则需要将牛奶、糖、大麦芽和蜂蜜混合在一起，加热至 85°C，用搅拌器加以搅拌。拌好之后，静置使其温热，再加入新鲜奶油，等它彻底凉下来，就将它放入冰淇淋机里搅拌，做出黏稠度适当的冰淇淋。

上菜时，用小碗盛放，磨一些新鲜的酸橙皮撒在上面。如果您有可食用的鲜花，如紫罗兰，也可以在最后装点上去。

推荐搭配：博克啤酒

博克啤酒泡沫、蜜饯
及卡萨塔冰淇淋式油炸甜点

4 人份

啤酒泡沫所需原料

200 毫升博克啤酒
4 片鱼胶片
50 克大麦芽、50 克槐花蜂蜜
100 克糖

内馅所需原料

200 克新鲜牛奶乳清干酪
80 克槐花蜂蜜

油炸甜点所需原料

400 克面粉、80 克黄油
50 克砂糖、2 个鸡蛋、1 个蛋白
10 克苦巧克力、50 克马沙拉白葡萄酒
40 毫升白葡萄酒醋、1 升食用玉米油
200 克混合蜜饯

准 备

制作面点，首先要将糖和黄油混合，用电动搅拌器加以搅拌制成泡沫丰富的混合物，逐个加入鸡蛋，再加入蛋白、苦巧克力和面粉，充分搅拌这些原料使其混合均匀，然后倒入白葡萄酒醋和马沙拉白葡萄酒。将和好的面团铺展开来，形成大约 1.5 毫米厚的面片。再用圆形饼干模具压制出一些圆形的面片，将它们糊在制作奶油卷的圆形金属管上，放入之前烧热了的玉米油里炸 1 分钟。炸好之后取出来，沥一下油，等待它们自然冷却，再把它们从金属管上面滑下来。

把蜜饯切成小方块，装在容器里放入冰箱冷藏。

制作啤酒泡沫，需要将鱼胶片放入冷水中软化。同时，混合啤酒、糖、蜂蜜和大麦芽，一起加热至煮沸，然后拧干鱼胶片，放入啤酒中让它溶解。用搅拌器搅拌均匀，将它倒入有一个氮气气囊的虹吸管里，置于冰箱中 1 小时以上。

将冰牛奶乳清干酪和蜂蜜一起搅拌，使其均匀混合，然后放入冰箱。再将虹吸管从冰箱中取出，摇晃一下，把之前做好的奶油卷塞在虹吸管两端，一个涂抹着啤酒泡沫，另一个则涂有干酪蜂蜜混合酱。最后撒上方形蜜饯装饰一下即可。

术语表

阿尔法酸：这种酸的浓度是用数字表示的，体现了啤酒花中苦味物质的含量。数值越高，啤酒花就越苦。

巴氏消毒法：啤酒会通过这一加热过程消灭所有微生物。这一方法在大型酿酒工业非常普遍，但是小型酿酒作坊则拒绝这种消毒法。

醋酸的：这个词用于描述啤酒香味中的些许味道，这种味道会让人联想起醋。在一些情况下（酸啤酒或者木桶啤酒），这是正面而引人向往的描述，但是除此以外的其他情况中，这种表达则是令人难以接受的。

DMS：二甲基硫醚，有香味的微粒，会让人想起煮熟了的玉米。它的存在对于几乎所有啤酒来说，都是一种缺陷。

大麦：这种谷物一旦经过麦粒发芽，就会成为啤酒的主要原料。

大麦麦芽：经过麦粒发芽过程之后的大麦。

帝国：这一形容词通常用于强调一种更为“丰富和强劲”的特定啤酒风格。比如帝国印度淡啤酒、帝国烈性黑啤酒、帝国清啤酒，等等。

淀粉酶（α 与 β）：在制作麦芽浆的环节，这种酶会破坏复合淀粉糖的长链，将其转化为单糖。

二氧化碳：发酵过程中酵母释放出来的气体，也会产生于瓶内的二次发酵过程中。

二乙酰：发酵过程中产生的微粒，为啤酒增添了一份“黄油”风味。在麦芽酒中存在少量是可以接受的，但它是拉格啤酒的大忌。

发酵：在这一过程中，酵母会将麦汁转化为啤酒。在酵母的作用下，糖新陈代谢，产生了酒精和二氧化碳以及许多副产品。

沸腾：啤酒制作过程的一个环节，麦汁煮沸了，且已加入啤酒花。

酚类化合物：香型酚类物质总称，其香味既有怡人的，也有呛人的，既有丁香味，又有焦油味。

风格（啤酒）：定义某一特定类型啤酒的可测量客观数据。

格鲁特（GRUIT 或 GRUYT）：在 17 世纪啤酒花引进之前，用于为啤酒增添苦味的一系列香草、草叶和各种香精。

谷物：这些植物的果实或者种子含有丰富的淀粉，因此可用于发酵。

鼓泡：用热水冲洗谷物颗粒以提取所有单糖的过程。

国际苦味指数：衡量啤酒花苦味程度的标准。

过滤：属于啤酒准备阶段，在这一阶段，麦汁将会与固体谷物颗粒分开（这些颗粒即为酒糟）。

酵母：一种酵母菌属单细胞生物体，在啤酒发酵中起重要作用，因此对于酒精和二氧化碳的产生也有很大影响。

酒精：发酵的产物之一。

酒体：啤酒的特征之一，味觉方面的评估要素。最低等级为“稀薄”，最高则为“黏稠”，具体程度取决于未发酵残留糖（糊精）和其他物质的含量。

酒糟：经过碾压的谷物中不可溶解的固体部分，在沸腾前必须移除。

拉格啤酒：底部发酵啤酒。

兰比克啤酒：比利时特色的自然发酵啤酒，味酸且丰富，适合长久储存。

冷泡啤酒花：这是一种调味技巧，操作方法为在发酵完成后，向发酵容器或者木桶里再度加入啤酒花。

麦粒发芽：在这一制作过程中，谷物颗粒会经历浸泡和发芽，然后或脱水，或将其制成焦糖，或进行烘焙。

麦芽酒：顶部发酵的啤酒。

萌发：麦粒发芽过程中的一个重要阶段，此时谷物种子将会开始发芽，以激活它们潜在的酶活力。

酿造：整个“加热”过程，经过这一过程，麦汁就做好了，冷却之后将会进行发酵。

啤酒：啤酒的总称。

啤酒花：一种雌雄异株多年生攀援植物，可以长到 6—8 米。雌株含有大量树脂物质和精油，用于为啤酒增添苦味并丰富其香味。

啤酒花苦味素：啤酒花中的香型精油和树脂。

《啤酒纯净法》：起源于 1516 年的巴伐利亚，该法案规定只能用水、大麦麦芽和啤酒花（当时尚未发现酵母）酿造啤酒。

色泽（啤酒）：啤酒的色泽可能仅由选用麦芽的种类决定，也会在一些情况下受添加的特殊原料所影响，如水果。

未加工的：这是一个非常含糊的形容词。意指一种未经高温消毒的啤酒，但这种啤酒仍然是通过麦芽酿造出来的。

氧化作用：制作完成的啤酒中如果存在过量氧气，就会发生的一系列反应。也可能仅仅是由于长时间储藏或是保存不善导致的。氧化的啤酒会有湿卡纸的味道。

酯类：“果味”的怡人香型成分。产生于酿造过程中各种物质的混合和相互反应（特别是酵母与酒精之间，反应结果则取决于发酵温度）。

制作麦芽浆：啤酒制作的准备阶段，将制成甜麦汁。对碾磨好的谷物进行麦粒发芽，然后将其与水混合，在特定温度下加以“酿造”以激活其中的酶。

自酿啤酒酒馆：自主生产啤酒的小酒馆，只为本店顾客提供啤酒，而不对外进行商业销售。

LES BIERES

关于作者和摄影师

法比奥 · 佩特罗尼（Fabio Petroni）1964 年出生在意大利安科纳市的科里纳尔多，目前在米兰生活、工作。在学习了摄影专业之后，法比奥 · 佩特罗尼同该领域几位最著名的摄影师一起工作过。他专长于人像照及生活场景照，在这两个领域，法比奥表现出了一种直觉的精准风格。在他的职业生涯中，他已为文化、医学及意大利经济领域内的众多名声显赫人士拍过肖像照。法比奥还同主要的广告公司合作，参与了许多由重要国际客户与商业公司委托的项目。法比奥为白星出版社（White Star Publishers）拍摄了系列照片，如《马：大师的画像》（2010）、《笨蛋的生活！》（2011）、《鸡尾酒》、《玫瑰》与《超级猫》（2012）、《兰花》、《侍茶者》和《辣椒：激情时刻》（2013）及《盆景》（2014）。法比奥还是国际障碍骑师俱乐部专用摄影师，负责国际马赛的视觉宣传。想要了解更多，请浏览该网站：www.fabiopetronistudio.com

彼特 · 丰塔纳（Peter Fontana）1971 年出生于意大利布里安扎地区。他的妻子名叫费德丽卡（她不饮酒），两人育有三个孩子：阿图罗（取这个名字是用来纪念伟大的酿酒业企业家阿瑟 · 吉尼斯）、保罗和卡特琳娜。彼特 · 丰塔纳在青少年时期就开始钟情于啤酒，以表示对他那些只喝葡萄酒的朋友们的挑衅与反抗。1990 年期末考试之前，彼特坐在一家普通的酒吧里，正对自己的未来而困惑苦恼，他的面前则摆着一瓶从未喝过也从未见过的名为"Trompe-la-Mort"的啤酒。就在那个时候，彼特做出了一个将改变其一生的决定：他决定要搜集喝完啤酒后留下的空啤酒瓶。

在当时的意大利能找到的啤酒瓶很少，但是彼特在进入大学之后其搜集的地域范围大大扩展，德国、比利时、英格兰和爱尔兰有着数不尽的各式啤酒瓶。他用来收藏 100 只酒瓶的房间很快就被占满了，而发现全新口味的啤酒总使彼特兴奋不已，令他的好奇心越来越大。

1996 年，第一家小型手工酿酒厂在意大利开张，彼特参加了开幕仪式，主要就是为了搜集那里的啤酒瓶。他的房间已被 2000 多只啤酒瓶所占据，这些啤酒瓶都被整齐地放置在特殊的瓶架上，而瓶架的上头则是碗橱。随着收藏数量的继续增长，彼特不得不用堆放在地下室里的盒子去装他那心爱的空瓶子，但这一爱好确实看起来有点令人难以理解，后来彼特也就转向了另外一个兴趣爱好。

彼特开始通宵地与朋友一起玩"龙与地下城"这一游戏，在这个游戏中，波特扮演的是一个名为"Borgrem"的牧师角色。在游戏进行中的某一时刻，彼特获得了一座修道院，从而开始经营修道院内的酿酒厂来供养村庄里的村民——这一游戏为彼特今后的人生发展埋下了一颗种子。这一种子在之后生根发芽，于 1999 年在伦敦开出了美丽的花朵。彼特和他的朋友出人意料地卖掉了所有的家当在家里自酿酒。后来他带着个塑料发酵罐从英国回到了家乡，发酵罐里还装着他的脏衣服。他认为，是时候酿制属于自己的啤酒了！

他上网搜索了很多美国人的网站，寻找有关如何在家酿制啤酒的信息，因为在美国家酿啤酒早已非常普及。波特将一台手动面条机改造成了一个小型的谷物磨粉机，他制作出了那些数量不多的必要设备，得到了必需的大号炖锅。彼特将在伦敦用家当换得的麦芽精罐头在一边放好，接着和他的朋友一起开始酿制啤酒，他们用到的原材料包括：发芽的大麦谷物、啤酒花、酵母、酒精度为 8% 的英格兰浓艾尔酒。从那时开始，彼特每个月都会同朋友一起尝试新的东西，比如新的原料、新的风格，彼特会将成果在意大利首届家酿啤酒的竞赛上展出，在这比赛中人们会将各种家酿啤酒进行比拼，这促使着酿酒者们的求胜欲望越来越强烈。

2008 年彼特 · 丰塔纳开始在蒙扎经营一家小型手工酿酒厂，他既是老板又是酿酒者，这家酿酒厂的名字叫作"the Piccolo Opificio Brassicolo del Carrobiolo-FERMENTUM"，它还是意大利啤酒节联盟（Italian Union Birrai）的成员。除了生产广受欢迎的以当地材料和特殊配方酿制的啤酒之外，彼特还组织开设有关啤酒家酿和高品质啤酒鉴赏的介绍性课程。彼特的啤酒和他的酿酒厂在最近三期的《意大利茶酒指南》（*Guida alle Birre d'Italia*）中都获得了最高的荣誉。

2014 年该酿酒厂进行了业务扩张，新开设了一家酒吧（是彼特所在城市的第一家），这使得众多啤酒爱好者们能够以正确的方式来品尝彼特的啤酒。

约翰 · 罗杰瑞（John Ruggieri）1984 年出生于伯利恒市，在德国的皮德蒙特长大。他曾在众多著名的星级餐厅受过专业的训练，比如位于阿尔巴的比萨大教堂内的餐厅和位于特兰托的教堂宝库内的餐厅。约翰 · 罗杰瑞现在是 Refettorio Simplicitas 饭店的主厨，该饭店位于米兰布雷拉区的中心，装潢精致典雅。罗杰瑞致力于传播一种新的基于简单理念的食物制作方式，该方式强调保留食物原材料的天然风味：这些原材料都是根据季节进行挑选的，且绝对正宗。罗杰瑞料理的风味遵循着最正宗的传统，使用当地的特产作为原料。他的料理风格简单明了，富有平衡的美学意味。

安德里亚 · 卡玛斯切拉（Andrea Camaschella）是《啤酒发酵杂志》（*FermentoBirra Magazine*）的主编和撰稿人，是慢食编辑出版公司（Slow Food Editore）出版的《意大利茶酒指南》的合作人，酿酒比赛界的专家和裁判。

啤酒风格索引

名称索引

食谱原料索引

除以下图片，其余均为法比奥·佩特罗尼所摄：

第 1 页 谢尔戈 / 免版税图片库

第 14 页 私人收藏 / 布里奇曼图片

第 17 页 达格利·奥尔蒂 / 阿戈斯蒂尼图片库

第 21 页 私人收藏 / 照片版权所有归属李斯特合集 / 布里奇曼艺术馆

第 24 页 伊芙吉尼·卡拉德 / 免版税图片库

第 30 至 31 页 贝尔奇诺克 / 免版税图片库

第 155 页图 德米特里·鲁克列克 / 免版税图片库

第 157 页底图 安德奥哈斯特 / 免版税图片库

本书作者诚挚感谢安德里亚·卡玛切拉与米切利·迪·保拉（Michele Di Paola）为本书审校所做的贡献，

感谢卡罗比欧丽啤酒厂提供的啤酒及其他材料，

感谢尼克尔沃的舍伍德酒吧（Sherwood Pub of Nicorvo）、米兰的贝尔博纳比拉酒吧（Bere Buona Birra）和兰比克祖恩餐厅（Lambic zoon）为该书的写作提供的支持。

图书在版编目（C I P）数据

啤酒 / (意) 佩特罗尼摄 ; (意) 丰塔纳 , (意) 罗杰瑞著 ; 屠希亮 , 罗贤通 , 单依依译 . -- 北京 : 中国摄影出版社 , 2015.9

书名原文 : BEER SOMMELIER

ISBN 978-7-5179-0367-3

Ⅰ . ①啤… Ⅱ . ①佩… ②丰… ③罗… ④屠… ⑤罗… ⑥单… Ⅲ . ①啤酒－文化－世界－摄影集 Ⅳ . ① TS971-64 ② TS262.5-64

中国版本图书馆 CIP 数据核字 (2015) 第 237641 号

北京市版权局著作权合同登记章图字：01-2015-1007 号

Original title: BEER SOMMELIER

啤 酒

作　　者：[意] 法比奥・佩特罗尼 / 摄
　　　　　[意] 彼特・丰塔纳 / 著
　　　　　[意] 约翰・罗杰瑞（主厨）/ 食谱
译　　者：屠希亮　罗贤通　单依依
出 品 人：赵迎新
责任编辑：盛　夏
版权编辑：黎旭欢　张　韵
封面设计：冯　卓
出　　版：中国摄影出版社
　　　　　地址：北京东城区东四十二条 48 号　邮编：100007
　　　　　发行部：010-65136125 65280977
　　　　　网址：www.cpph.com
　　　　　邮箱：distribution@cpph.com
印　　刷：北京地大天成印务有限公司
开　　本：16 开
印　　张：14.75
版　　次：2015 年 11 月第 1 版
印　　次：2015 年 11 月第 1 次印刷
ISBN 978-7-5179-0367-3
定　　价：128.00 元